南疆棉田冬春灌及棉花生育期节水控盐关键技术研究

王兴鹏　王洪博　李　勇　著

黄河水利出版社

·郑州·

内 容 提 要

本书主要论述了南疆棉田冬春灌及棉花生育期节水控盐关键技术，重点分析了不同冬春灌策略及膜下、无膜滴灌灌溉模式对南疆棉田土壤水盐动态变化、棉花生长的影响机制，揭示了南疆棉田休作期土壤水盐运移规律及返盐特性，明确了南疆棉田适宜冬春灌模式及盐分淋洗定额，提出了无膜滴灌棉花高效用水策略与基于气象信息的南疆膜下滴灌棉花适宜灌溉制度。

本书可为南疆地区农业生态环境良性循环与棉田高效自动化灌溉以及土壤盐渍化合理防治提供理论支撑与技术指导。

图书在版编目(CIP)数据

南疆棉田冬春灌及棉花生育期节水控盐关键技术研究/
王兴鹏，王洪博，李勇著.—郑州：黄河水利出版社，
2021. 8

　ISBN 978-7-5509-3030-8

　Ⅰ.①南…　Ⅱ.①王…②王…③李…　Ⅲ.①棉花-
灌溉-研究-南疆　Ⅳ.①S562.071

中国版本图书馆 CIP 数据核字(2021)第 130799 号

策划编辑:李洪良　电话:0371-66026352　E-mail:hongliang0013@163.com

出　版　社:黄河水利出版社　　　　　　　　　网址:www.yrcp.com
　　　　　　地址:河南省郑州市顺河路黄委会综合楼 14 层　邮政编码:450003
发行单位:黄河水利出版社
　　　　　　发行部电话:0371-66026940、66020550、66028024、66022620(传真)
　　　　　　E-mail:hhslcbs@126.com
承印单位:广东虎彩云印刷有限公司
开本 787 mm×1 092 mm　1/16
印张:10.75
字数:255 千字　　　　　　　　印数:1—1 000
版次:2021 年 8 月第 1 版　　　　印次:2021 年 8 月第 1 次印刷

定价:60.00 元

前　言

　　南疆地处天山以南、昆仑山系以北,是我国重要的优质棉生产基地。南疆植棉面积
133.3×10⁴ hm²,占新疆棉花种植面积的53%以上。但南疆作为内陆极端干旱绿洲灌溉农
业区,常年干旱少雨,蒸发强烈,加之特殊的地质原因,土壤盐渍化严重。水资源短缺与土
壤盐渍化问题严重制约着南疆棉花产业的可持续发展。

　　为解决水资源短缺和土壤盐渍化问题,保证棉花正常生长,现行的做法是在棉花生育
期采用节水、抑盐的膜下滴灌技术进行灌溉,在棉田休作期采用大水漫灌进行压盐。膜下
滴灌技术可在保证作物高效用水的同时将盐分淋洗到根区外,保证棉花在生育期正常生
长。大水漫灌可对棉花生育期积累的盐分进行淋洗,为棉花出苗创造适宜的低盐环境。
但在实际生产中,冬春灌用水量很大。据统计,南疆棉田冬春灌定额一般为3 000~4 500
m³/hm²,占棉田全年灌溉定额的50%左右。大定额冬春灌在淋洗盐分的同时,浪费了大
量的水资源,加剧了南疆的用水矛盾,而且容易引起地下水位上升,造成土壤次生盐渍化。
此外,大定额灌溉还会把一些作物生长必需的养分元素从土壤中淋失,造成地力下降及地
下水污染等问题。随着南疆的工业及其他产业的不断发展,南疆用水矛盾更加突出,棉田
大定额冬春灌压盐模式越来越难以持续。因此,这就需要针对南疆棉田开展适宜冬春灌
模式与盐分淋洗定额研究,深入揭示冬春灌对土壤盐分淋洗的影响机制,提出南疆棉田适
宜的冬春灌策略,以期实现南疆水土资源的可持续利用。

　　自动化程度较低是影响南疆棉花生产高效用水的另一个主要因素。目前在自动化灌
溉决策方面,国际上主要采用3种方法:基于土壤水分的方法、基于作物水分的方法、基于
气象信息的方法。其中,基于气象信息的方法是一种较为通用且易于实施的方法。作物
的蒸腾蒸发过程在很大程度上是由气象条件控制的,因而根据气象信息进行农田灌溉管
理具有较好的理论基础。相较于土壤墒情、作物水分信息的监测,气象信息的监测更为简
单,代表的区域面积也更大,如果能够基于气象信息指导南疆棉田高效灌溉并建立完整的
自动化灌溉控制体系,无疑会极大地提高南疆棉田灌溉的自动化程度与节水水平。

　　膜下滴灌技术具有节水、高效、增产、提质等优点,但残膜回收不净会带来土壤"白色
污染"的问题。从长远的土壤环境安全考虑,推广无膜滴灌栽培棉花是解决南疆棉田地
膜残留污染的有效途径。然而随着棉花种植由膜下滴灌模式转变为无膜滴灌模式,农田
微环境将发生根本性的变化。无膜滴灌条件下,地温明显降低,地面蒸发大幅度增加,盐
分开始在地表集聚,棉花生长过程耗水量显著提高,造成棉花生长初期同时遭受干旱胁
迫、盐分胁迫以及低温胁迫的影响,不利于棉花种子萌发及幼苗生长。无膜滴灌条件下,
棉田水分消耗过程与膜下滴灌种植模式显著不同,现有的灌溉洗盐和控盐措施也无法满
足棉花无膜滴灌栽培的需求,因此有必要针对无膜滴灌棉田开展适宜滴灌带布置模式与
灌水定额研究,明确无膜滴灌条件下南疆棉田土壤水盐运移规律,提出适宜的水盐调控
模式。

近年来,在国家重点研发计划课题"棉花非充分灌溉制度及节水控盐高效灌溉模式 (2016YFC0400208)"和兵团科技攻关项目"基于农业水价改革的田间节水增效关键技术 研究与应用(2018AB027)"等项目的资助下,针对南疆棉田冬春灌及棉花生育期节水控盐 关键技术进行了深入的研究,重点探讨了不同冬春灌淋洗模式、淋洗定额对南疆棉田休作 期土壤水盐动态、土壤冻融返盐特性以及冬春灌对棉花生育期土壤水盐动态及棉花生长、 产量等方面的影响,提出了南疆棉田适宜的冬春灌高效用水模式;综合考虑单作物系数 法、SIMDual_Kc 双作物系数模型和 DSSAT 作物生长模型,确定了基于气象信息的南疆膜 下滴灌棉花生育期适宜灌溉制度;同时,开展了无膜滴灌条件下棉田适宜滴灌带模式与灌 水定额研究,评价了 AquaCrop 模型用于模拟南疆地区无膜滴灌棉花生长的适用性。本书 比较全面地阐述了南疆棉田休作期、棉花生育期水分管理对棉田水盐运移与棉花生长的 影响,提出了南疆棉田休作期和棉花生育期适宜灌溉制度,丰富了南疆棉花栽培高效用水 理论,研究成果可为南疆地区农业生态环境良性循环与棉田高效自动化灌溉以及土壤盐 渍化防治提供理论支撑和技术指导。

本书由王兴鹏、王洪博撰写,李勇统稿。在本书的撰写过程中,得到塔里木大学水利 与建筑工程学院及中国农业科学院农田灌溉研究所老师们的大力支持,在此表示诚挚的 感谢! 同时,衷心感谢本书所引用参考文献的作者们!

由于水平所限,书中难免存在疏漏之处,恳请读者给予指正。

作 者
2021 年 5 月

目　录

第 1 章 绪 论

1.1 研究背景

新疆位于中国的西北部,总面积 166.04×10^4 km²,占全国总面积的 1/6 左右。在远离海洋和高山环抱的综合地理因素影响下,新疆形成了典型的温带大陆性干旱气候,常年干燥少雨,蒸发强烈,日照丰富,昼夜温差大。新疆以其独特的气候环境条件成为我国最大的棉花生产基地。2020 年,新疆地区棉花种植面积为 250.2 万 hm²,占全国棉花种植面积的 78.9%;棉花产量 516.1 万 t,占全国总量的 87.5%。棉花作为新疆主要的经济作物,在新疆地区经济中占十分重要的地位,棉花产值占新疆经济作物产值的 85% 以上。因此,保证棉花产业健康发展,对于促进当地经济发展和维护社会稳定具有重要意义。

作为典型的荒漠绿洲灌溉农业区,水资源短缺是限制新疆棉花产业发展的首要因素。据统计,新疆多年平均降水量仅为 171 mm,多年水面平均蒸发量却高达 1 500~3 400 mm。同时,由于特殊的地质和气候原因,新疆地区土壤盐渍化严重。在新疆许多地区都分布着含有大量盐类的白垩纪和第三纪地层,这些都为易溶性盐分在土壤中大量聚集创造了极为有利的条件。据统计,新疆的盐渍土面积有 2.2×10^7 hm²,占全国 1/3,在新疆 4.08×10^6 hm² 耕地面积中,受不同程度盐渍化危害的耕地面积达 1.23×10^6 hm²,占 30% 左右,盐渍化面积占新疆低产田总面积的比例高达 63%。水资源短缺与土壤盐渍化问题严重制约着新疆棉花产业的可持续发展。

南疆地处天山和昆仑山之间,占新疆面积的 63%,属大陆性暖温带、极端干旱沙漠性气候。该区依靠丰富的光热资源、土地资源以及塔里木河流域的水资源条件,现已成为我国最大的优质商品棉生产基地,植棉面积已达 133.3 万 hm²。但南疆地区同时也是我国水资源最短缺、土壤盐渍化最严重的地区。该区为典型的内陆极端干旱荒漠灌溉农业区,年降水量仅 46.7~61.2 mm,年蒸发量高达 1 877.5~2 337.4 mm。目前,棉花种植所耗用的水资源量已占到南疆农业总用水量的 70% 左右。南疆"五地州"盐碱地面积则占到其总耕地面积的 41.21%,远高于全疆盐渍化土地平均值 31.48%,其中巴州盐碱地面积占耕地面积的 54.91%、喀什为 48.72%、阿克苏为 43.27%、和田为 32.09%,克州最小为 22.02%。

2014 年,中央第二次新疆工作座谈会明确提出了维护新疆社会稳定和长治久安的总目标,会议明确提出推动建立各民族相互嵌入式的社会结构和社区环境,加大新疆高效节水灌溉工程建设力度,加强重点流域治理和水污染防治,提高可持续发展能力。在此背景下,新疆维吾尔自治区和新疆生产建设兵团做出了"向南发展"的战略部署。在向南发展中,通过"补、连、扩、嵌"等方式对南疆一线团场进行必要的改扩建,第一师 4 团、第二师 37 团、第二师 38 团成为了第一批扩建团场,总扩建面积不少于 50 万亩(1 亩 = 1/15 hm²,

全书同),而成为第二批扩建团场的 5 团、7 团、11 团、14 团、16 团、31 团、34 团、36 团、45 团、47 团、48 团、224 团、皮山农场等扩建面积预计不少于 200 万亩。在团场扩建的同时,还要集聚近百万人口进入南疆工作和生活。

因此,对于水土环境十分脆弱的南疆地区,为了保证棉花产业的健康发展,同时不影响不断增加的人口及工农业生产发展的用水需求,在现有水资源总量相当长时间内不可能增加的条件下,必须大力发展节水灌溉,降低棉花种植用水定额;同时积极开展盐渍化治理,加强棉田耕地质量保护,确保南疆水土资源可持续利用。这既是保持区域经济可持续发展的先决条件,更是当前维护新疆社会稳定和长治久安总目标的要求。

1.2　研究意义

1.2.1　开展南疆滴灌棉田非生育期节水控盐研究的意义

为了解决农田土壤盐渍化问题,在当地农业生产实践中,棉田休作期淋洗(冬灌或春灌,见图 1-1、图 1-2)成为解决盐碱危害的有效方法,能够在一定程度上控制和减少土壤根层盐分含量,满足作物生长需求。农田淋洗盐过程中主要采用地面漫灌,灌溉水大量入渗,带走土壤上层盐分,对土壤上部盐分淋洗和控盐具有积极作用,但灌溉效率低下,且一次冬春灌过程能够抬高地下水位 1.0~1.6 m。目前,南疆棉田全年总用水量基本保持在 6 000~8 250 m³/hm²,通过膜下滴灌技术可将棉花生育期内的灌溉定额降到 3 000~4 200 m³/hm²,然而,每年用于棉田压盐的灌溉定额需要 3 000~4 500 m³/hm²,占到棉田全年灌溉定额的 50% 以上。就棉田整体节水效果而言,由于冬春灌的耗水量较大,棉田用水量没有出现实质性的下降。而且,不合理的冬春灌淋洗组合和淋洗定额导致灌区土壤始终处于洗盐—积盐—洗盐的恶性循环过程中,并伴随产生的大量农田排水使地表水和地下水含盐量普遍较高,无机盐类污染严重,氯化物、硫酸盐、矿化度、总硬度等严重超标。据中国科学院新疆生态与地理研究所和清华大学对塔里木河的水质调查,塔里木河的水质在不断恶化,河水矿化度不断增加,主要是干流上游段大量农田排水泄入造成的。监测结果显示,沙雅县以上每年泄入塔里木河的农田排水量约 7.0 亿 m³,矿化度在 2~10 g/L,每年带入的盐量约 439.3 万 t。河水化学成分中 F⁻ 含量高,阿拉尔、新渠满、英巴扎和卡拉 4 个水文站的年平均值均超过 1.0 mg/L。由于流域存在"上排下灌"的取水模式,上游已被排出灌区的盐分,在塔里木河中、下游农田灌溉过程中又被带进灌区,形成农田盐分污染循环,这已成为困扰当地农业生产的"毒瘤",并引起流域范围一系列生态环境问题。因此,如何确定棉田适宜的冬春灌盐分淋洗定额以及减少农田劣质排水是南疆地区实现水资源高效利用、缓解灌溉水质恶化亟待解决的科学问题。

然而,关于棉田休作期冬春灌盐分淋洗方面的研究,却始终没有引起足够的重视,现有的研究也缺乏将淋洗方式—淋洗定额—水盐动态—棉花生长作为整体进行综合考虑开展相关研究。因此,本文开展了冬春灌淋洗对南疆棉田水盐动态、棉花生长的影响等方面的研究,重点探讨了不同冬春灌淋洗模式、淋洗定额对棉田土壤休作期土壤水盐动态、土壤冻融返盐特性以及冬春灌对棉花生育期土壤水盐动态及棉花生长、产量等方面的影响,

图 1-1 棉田冬灌

图 1-2 棉田春灌

构建了适宜冬春灌淋洗调控的南疆棉田高效用水模式,研究成果可为促进南疆地区农业生态环境良性循环和棉田灌溉水高效利用,以及为土壤盐渍化防治提供理论基础。

1.2.2 棉田生育期节水控盐

1.2.2.1 基于气象信息的南疆膜下滴灌棉田高效节水灌溉研究

在农业灌溉中,把传统的漫灌改为喷灌、滴灌等高效灌溉方式,可以显著提高作物水分利用效率,但是不合理的灌溉决策会造成灌溉水不能满足作物生长或深层渗漏等问题。目前,新疆许多地方灌溉主要由灌溉制度来决定,在作物某生育期内按固定的时间间隔、固定的灌水定额进行灌溉。这样做的好处是便于区域水资源调配,降低水管理成本。以南疆阿拉尔地区为例,在棉花生育期内,农户每隔 10 d 灌水一次,每亩地按 1.5 h 进行灌溉。上游水管站根据种植面积,控制开闸时间及放水量。这种方法虽然降低了管理成本,但是极易造成灌水过量或灌水不足,而农户为了避免作物缺水,抱着"能灌多久,灌多久,灌的越多,赚的越多"的心态尽可能地多灌,加大了水管理难度和农户之间用水矛盾。自动化灌溉技术的发展,为这一问题提供了解决方案。由计算机基于事先制定好的灌溉策略,根据实时气象、土壤、作物水分及区域水资源情况等信息,决定灌溉时间及灌水量。采用自动化灌溉技术,可以根据作物需水规律进行灌水,实现节水与增产的统一。

目前在自动化灌溉决策方面,国际上主要形成3种方法:基于土壤水分的方法、基于作物水分的方法、基于气象信息的方法。其中,基于气象信息的方法是一种较为通用且易于实施的方法。而作物的蒸腾蒸发过程在很大程度上是由气象条件控制的,因此根据气象信息进行农田灌溉管理具有较好的理论基础。相较于土壤墒情、作物水分信息的监测,气象信息的监测更为方便,代表的区域面积也更大,如果能够建立根据气象信息指导灌溉,甚至进行自动控制管理的完整体系,无疑会极大地提高南疆棉田灌溉的自动化程度与管理水平。

基于此,本书以南疆膜下滴灌棉花为研究对象,研究基于气象信息进行灌溉决策的方法与技术模式,研究成果可为南疆棉田自动化灌溉决策与控制技术的大规模应用提供理论与技术支持。

1.2.2.2　南疆无膜滴灌棉田高效节水灌溉模式研究

自20世纪90年代新疆兵团首次将滴灌技术与地膜栽培技术相结合形成膜下滴灌技术以来,学者们对膜下滴灌棉花进行了大量的研究。但随着膜下滴灌技术的长期使用,新疆棉田残膜"白色污染"严重。从长远的土壤环境安全考虑,推广无膜滴灌栽培棉花是解决南疆棉田地膜残留污染的有效途径。然而随着棉花种植由膜下滴灌模式转变为无膜滴灌模式,农田微环境将发生根本性的变化。无膜滴灌条件下,地温明显降低,地面蒸发大幅度增加,盐分开始在地表集聚,棉花生长过程中耗水量显著提高,造成棉花生长初期同时遭受干旱胁迫、盐分胁迫、低温胁迫,不利于棉花种子的萌发及幼苗的生长。无膜滴灌条件下,棉田水分消耗过程与膜下滴灌种植模式显著不同,现有的灌溉洗盐和控盐措施也无法满足棉花无膜滴灌栽培的需求。

因此,有必要针对无膜滴灌棉田开展不同滴灌带布置方式与灌水定额处理对土壤水热盐分布规律、棉花生长发育过程、耗水特性和产量品质等方面影响进行研究,确定南疆无膜滴灌棉田适宜的滴灌带布置方式和灌水定额及灌溉定额,提出适宜的水盐调控模式。研究成果可为确定无膜滴灌棉田供水方式和灌溉制度提供理论依据。

1.3　国内外研究现状分析

1.3.1　冬春灌对土壤水盐运移的影响

土壤盐渍化问题一直是制约干旱半干旱地区农业发展的主要因素,对于土壤盐渍化的发生、发展规律国内外学者做了大量富有成效的研究。研究表明,在作物生育期膜下滴灌结束后的非生育期淋洗(冬灌或春灌)是抑制土壤盐碱化的有效方法,能够控制和减少根系区土壤含盐量。淋洗需要量和盐分平衡指数被认为能够有效评价淋洗效率及确定适宜的淋洗水量。Sharma 等研究了氯化物盐土(Cl^{-1}:SO_4^{2-} = 7:3)和硫酸盐盐土(Cl^{-1}:$SO4^{2-}$ = 3:7)在不同淋洗水量下的脱盐作用。在相同的淋洗水量条件下氯化物土壤的脱盐作用较硫酸盐土壤的强,而后者的脱碱率要强于前者。Burt 等通过采用多行低流速滴灌带供水对果树根区土壤盐分累积区域进行淋洗,结果表明可以有效降低盐分淋洗所需的水量。Phocaides 等认为,在年降水量小于 250 mm 的地区,采用微灌方式进行作物灌溉,则需要进行一年一次的盐分集中淋洗,通常选择以生育期结束后的集中灌溉洗盐较为适宜。Chen 等基于 ENVIRO-GRO 模型的对比分析得出非生育期大水漫灌对土壤盐分的淋洗效果更好。

目前,在国内部分灌区的土壤盐分淋洗通常是大田等定额统一漫灌,较少考虑盐分的空间变异性,盐分淋洗定额的确定也较为随意,有时会导致盐分淋洗过度或淋洗不足。土壤盐分淋洗水量过多会引起地下水位上升,极易造成灌后土壤的二次返盐。针对不同盐渍化地区以及对控制土壤盐分含量的淋洗要求,如何选择适宜的淋洗定额,既可以保证有效的盐分淋洗,又能发挥最大的灌溉效益,节约灌溉用水量,是灌区灌溉水资源管理迫切需要解决的重要问题。

河套灌区是国内较大的盐碱化灌区,秋浇是淋洗盐分和春季保墒的重要措施。河套灌区的秋浇定额普遍为 1 800~2 000 m^3/hm^2,一次秋浇后,表层(0~40 cm)、中层(40~80 cm)、深层(80~120 cm)不同土壤剖面盐分损失量依次递减。秋浇定额越大,盐分淋洗效果越好,表层土壤盐分向下迁移明显。农田秋浇后,土壤中的碳酸盐含量降低,土壤 pH 减小,秋浇能够在一定程度上改善土壤的物理结构。当然,秋浇定额不同对土壤盐分的淋洗效果存在差异。当秋浇定额保持在 1 725 m^3/hm^2 时,土壤盐分减少最为明显。高于 1 725 m^3/hm^2 时,随着秋浇定额的增大,土壤盐分的减少量在减少,说明秋浇定额越大并不一定带来土壤盐分含量的必然降低。20 cm 以下土层含盐量变化受秋浇定额的影响较小。彭振阳等研究发现,大定额灌溉后上层土壤剖面含盐量减少明显,而 100 cm 以下土壤剖面含盐量增加显著。在春播前,受冻融影响,0~100 cm 土壤储盐量出现增加,说明秋浇并没有完全达到淋洗盐分的目的。由此可见,对于深层土壤盐分而言,大定额的秋浇洗盐效率不高。通过对比分析不同秋浇定额灌溉条件下春播前土壤水盐状况、土壤脱盐效果和增水效果,罗玉丽等提出了内蒙古引黄灌区基于节水的适宜秋浇定额为 1 500 m^3/hm^2,这与其他学者认为内蒙古河套灌区秋浇定额应保持在 1 500~1 950 m^3/hm^2 较为吻合。基于 SHAW 模型制定的秋浇节水灌溉制度认为,轻度盐渍化土壤秋浇定额一般控制在 142~183 mm,中度盐渍化土壤定额为 180~200 mm,重度盐渍化土壤定额为 200~225。但也有学者对一次性灌溉盐分淋洗效果提出了质疑,认为这种灌溉方式会使水分快速通过大孔隙,对于小孔隙中盐分的淋洗作用不大,若采用间歇性灌溉方式,在灌溉间歇期小孔隙中的盐分有充足的时间扩散到大孔隙,会在下一个灌溉周期内被淋洗带走,从而提高淋洗效率。然而,Letey 等却认为灌溉频次过多、单次灌水量过少的间歇性灌溉对土层的影响深度十分有限,在使浅层土壤保持较高含水率的同时,也会显著增加地表蒸发量、减少深层渗漏。这样不但起不到淋洗盐分的作用,如果灌溉水本身带有盐分,高频的灌溉方式反而会增加浅层土壤的盐碱化程度,且在高温、干旱、蒸发强烈的地区尤为明显。彭振阳等认为对于间歇灌溉是否能提高盐分淋洗效率不能一概而论,土壤中总是存在一个临界深度。若研究的土层位于临界深度以上,那么间歇灌溉会具有更高的淋洗效率。如果土层涵盖了临界深度以下的土壤,则会得到相反的结论。因此,临界深度在一定程度上可判断是采用一次性淋洗还是间歇式灌溉。河套地区与南疆地区的气候、土壤、种植结构及灌溉方式存在较大的差异,对于盐分淋洗研究的侧重点存在不同。但是相关结果为同类研究在南疆地区的开展提供了有益的参考。

新疆地区土壤盐渍化问题长久以来没有得到很好的解决,已成为困扰当地农业发展的主要限制因素。20 世纪 50~60 年代,新疆各地主要采用无排水压盐方式,即以冬春灌为主的水利改良和种稻洗盐的农业措施为主。在膜下滴灌条件下,棉田含盐量在生育期 0~60 cm 土层范围内表现为积盐状态,并以 40~60 cm 积盐最多,所以定期大水漫灌洗盐是土壤脱盐的重要手段。然而,不合理的冬春灌淋洗方式、淋洗定额导致南疆灌区土壤始终处于洗盐—积盐—洗盐的恶性循环过程中。在地下水浅埋区,冬灌致使地下水位上升,土壤 80 cm 土层范围内,积盐、脱盐交替频繁。对比冬春灌洗盐效果,有研究表明,冬灌对土壤盐分淋洗深度可达 60 cm,但对深层盐分淋洗较弱或易引起积累现象。而春灌对盐分的淋洗主要发生在 20 cm 以上的土壤表层内,加之外部蒸发作用,使得春灌水分入渗深度有限,冬灌的效果要优于春灌。因此,在制定冬春灌适宜淋洗定额时对淋洗模式的选择就显得至关重要。当然,针对不同盐渍化程度的棉田而言,并非春灌水量越多,脱盐效果越好。低盐度棉田应选取较小春灌定额即可满足洗盐、压盐及保证出苗率要求,中盐度棉田应选取中等春灌灌水定额,高盐度棉田适宜选取较大春灌灌水定额。同时,应根据自然条件和灌溉排水条件的不同因地制宜地确定相应的泡田定额。杨鹏年等认为,春灌定额为 1 350 m³/hm² 较适合于轻度盐渍化土壤,表层盐分可被淋洗至 10~50 cm。1 800 m³/hm² 的定额适合于中度盐渍化土壤,表层盐分淋洗深度为 30~60 cm;2 250 m³/hm² 的定额适合于重度盐渍化土壤,表层盐分可被淋洗至 40~80 cm。孙三民等提出了南疆地区棉田冬灌水量为 3 500~4 000 m³/hm²,春灌水量为 1 800 m³/hm² 对土壤盐分淋洗效果较好。陈小芹等在北疆地区的研究表明,灌水定额为 3 000 m³/hm² 的大定额滴灌方式更有益于保水保墒压盐。由于棉田冬春灌对于土壤盐分的淋洗作用,耕层土壤盐分出现了明显的降低,这在一定程度上有利于棉花出苗和生长,有效提高棉花产量。张永玲等认为南疆棉田冬灌 2 000 m³/hm² 与春灌 1 000 m³/hm² 的组合淋洗定额下的棉花增产效果比较明显。而李宁等的研究表明,在南疆灌区当保持春灌定额为 1 500 m³/hm² 条件下,同样有利于促进棉花生长及产量提高。

在南疆地区,大定额的冬春灌极易导致地下水位上升、土壤表层积盐加剧、土壤退化严重。为了解决上述问题,新疆生产建设兵团第一师、第二师等单位率先打破常规灌水制度,采用免冬春灌、春灌免冬灌等方式对棉田节水进行了实践探索,为棉田减压盐分淋洗定额的可行性提供了宝贵经验。在新疆生产建设兵团农二师三十一团开展的棉田免冬春灌后的覆膜滴水补墒技术能够较春灌和冬灌节省 100~140 m³/亩,配套的干播湿出技术在高盐分棉田种植棉花是可行的,能够节省冬春灌压碱水 360~400 m³/亩,增产 6%~34.95%。干播湿出技术不但节约冬春灌水量,而且具有提高和平抑土壤温度的作用。土壤温度的提高则更有利于棉种萌芽,促进棉花出苗。刑小宁等提出了南疆免冬春灌膜下滴灌棉花生育期灌溉定额 420 mm 和 16 次灌水可作为免冬春灌膜下滴灌棉花适宜的灌溉参数。姚宝林等通过研究免冬春灌膜下滴灌棉田土壤盐分时空变化特征,得出南疆干旱区免冬春灌适宜的棉花灌溉定额为 460 mm。对于一年的免冬春灌模式,棉花灌溉定额在 369 mm 以上也可使土壤处于脱盐状态。张瑞喜等的研究表明,干播湿出可促进向日葵根系生长,提高地下部生物量。

国内针对土壤盐分淋洗方式及定额在河套、引黄灌区以及新疆的部分地区开展了相关研究。但是,关于南疆地区冬春灌盐分淋洗定额制定仍以经验指导为主,定额的确定也较随意,已有的研究成果较为分散且相对较少,各地区气候、土壤及作物种类的不同对研究结果具有较大的影响。

1.3.2 滴灌对土壤盐分空间分布的影响

土壤水分状况和棉花产量受灌水定额、灌水频次等灌水指标的影响,相关的研究成果是合理制定灌溉制度的依据。苏里坦等提出了干旱区粉砂壤土膜下滴灌棉花采用 2.6 L/h 滴头流量和 4 200 m³/hm² 的灌溉定额较为适宜。Dagdelen 等提出 75% 补充土壤水分的滴灌定额较为适宜半干旱地区棉花灌溉需求。对于钙质旱生土,保持 70% 田间持水率灌溉下限可作为滴灌棉花的灌溉控制指标。Payero 等的研究发现,棉花在 150 cm 深的土壤中水的提取率随土壤深度的增加而急剧下降。50 cm 土层占季节抽提量的 75%,80 cm 以上土层占 90%。从播种后 32 d 到 100 d,土壤水分提取深度以 1.89 cm/d 的速率线性增加,因此在棉花生产灌溉管理过程中,应保持土壤剖面顶部 80 cm 储存有足够的水分。

在膜下滴灌设计中,土壤湿润区的大小不仅决定着排盐的范围,还决定着作物根系受土壤盐分的影响程度。Wang 等将滴灌均匀度目标值设计为 75%,棉花获得了较高产量。李明思等对膜下和无膜滴灌的湿润比进行了研究,得出膜下滴灌的土壤湿润比在 0.67~0.83,而无膜滴灌的土壤湿润比在 0.67 以内。由于无膜覆盖的地面蒸发作用对土壤湿润宽度的影响很明显,在设计土壤湿润比时应考虑土壤蒸发因素。

南疆地区高温干旱蒸发的自然条件决定了土壤中上升水流占绝对优势,淋溶和脱盐过程十分微弱,土壤积盐现象严重。土壤盐分的大小会对棉花根系生物量和分布产生影响,随着土壤盐分值的增加,严重抑制棉花根系生长,减少芽生长,产量随之降低。在膜下滴灌条件下,土壤盐分在水平和垂直上的运移距离均随着滴头流量的增加呈先增加后减小的趋势。随着灌水时间延长,相邻地膜间土壤盐分表现为强积累。膜内 0~40 cm 土层含盐量显著降低,40~80 cm 土层一般为集盐带,而深层土壤盐分受到的影响较小。随着棉花植株的生长,土壤盐分积累面积逐渐扩大,特别是播种后 110~125 d,0~40 cm 土层深度和距滴灌线 30~70 cm 处盐分会显著增加。在北疆绿洲盐碱灌区现行灌溉制度下,长期膜下滴灌改变了盐碱土的类型,土壤有由氯化物-硫酸盐土向有利于棉花生长的硫酸盐土转换的趋势。这得益于超额灌水客观上起到淋洗作用,改变了盐分的自然分布特点,使得土壤盐分不断降低。Nightingale 等的研究也说明在盐碱地,黏壤土的土壤化学性质的变化与前期滴灌灌水量关系密切。

土壤盐分时空变化受多种因素影响,其中田间滴灌系统布置方式会影响土壤盐分、棉花根系生长发育及其在土壤中的空间分布。相同的滴灌带布设形式,膜下滴灌棉花在窄行和宽行的根系生长量均高于无覆盖层,根系集中在最浅的 30 cm 处。膜下单条滴灌带布设的土壤含水率要明显低于双条带,当灌水量一致时,滴灌带铺设方式对盐分积累和棉花产量的影响不显著。在北疆地区,膜下毛管布设成 1 膜 1 管 4 行,较 1 膜 2 管 4 行更有利于降低棉花根区土壤含盐量。在南疆巴州地区,毛管为 1 膜 2 管 4 行,在主要根系层形成适宜棉花生长的淡化脱盐区,盐分胁迫较小。1 膜 1 管 4 行土壤盐分水平和垂直运移的距离远,外行棉花处于积盐区,棉花生长受盐分胁迫。刘建国等提出砂性土和黏土分别适宜的膜下滴灌带模式为 1 膜 1 管 2 行和 1 膜 1 管 4 行。这说明环境条件不同,使得相同滴灌带的布设形式对土壤盐分的影响也会不同。在对盐分较为敏感的棉花苗期,滴灌带布设成 1 膜 3 管 6 行的棉花出苗率要明显好于 1 膜 2 管 6 行,当滴管间距设置过大时,内外行棉花长势不均、棉花根茎小,减小滴管间距则棉花长势均匀、根茎大,这说明田间滴灌带布设方式对土壤盐分和棉花生长的影响较大。无覆膜条件下,在美国半干旱气候区采用多行低流速滴灌带供水对盐分累积区域进行淋洗,可有效降低盐分淋洗需要的水量。当土壤为沙质土时,滴灌带间隔为 0.91 m 和 1.82 m 方式下的水分向滴灌线中点的移动并没有显著差别,棉花产量和灌溉水利用率差异性也不大。

在盐渍化地区,控制土壤盐分需要选择适宜的滴灌方式、灌水频次。在覆膜条件下,膜下高频率灌溉有利于提高作物产量水分利用效率和洗盐效果。在高盐区,高频率灌溉可以有效降低湿润体内盐分而有利于棉花高产,灌溉周期为 2 d 时可显著抑制返盐,洗盐效果要好于 6 d。有学者在高含盐量(0.8%)和低含盐量(0.08%)土壤中的研究发现,当灌水量相同时,高频率灌溉可降低土壤含盐量,并且使棉花增产 28%,但灌溉频率对低含盐量土壤棉花生长和产量没有显著影响。姚宝林等提出在南疆缺水地区,膜下高频次小定额灌溉可获得最大的灌溉水利用率,当 0~30 cm 初始土壤含盐量(2.03 g/kg)小于 3.0 g/kg 时,棉花膜下滴灌灌溉定额 460 mm,灌水次数 16 次可作为适宜棉花节水控盐的灌溉制度。在沙土条件下,在水平方向上随着滴灌带距离的增加土壤盐分增加,膜下滴灌灌溉定额为 675 mm,灌水间隔为 7 d,棉花产量最高。当土壤类型为沙壤土时,膜下滴灌灌溉定额为 385 mm,灌水次数 18 次,能够在主根层 0~40 cm 形成适宜棉花生长的水盐环境。覆膜滴灌和日灌溉制度在沙壤土上显示出较低的盐分水平和较高的土壤水分含量。在无膜覆盖条件下,用同样的水量进行小流量连续滴灌把盐分推移的距离与用大流量一次性灌入所推移的距离相同,滴头流量越大,推移速度越快。当保持土壤盐分值小于 8 dS/m 时,对棉花产量没有明显的影响。宰松梅等通过 8 年试验得出,膜下滴灌 0~100 cm 土体土壤 TDS 平均质量分数较地下滴灌高出 10.98%。地下滴灌管的不同埋深会导致土壤淡化和积盐区域分布的不同,15 cm 埋深的淡化区域集中分布在计划湿润层,有利于棉花根系生长。

1.3.3　基于气象信息的灌溉决策

基于气象信息的灌溉决策方法具有通用性强且易于实行的特点,目前该方法在生产实践中已取得较好的应用,近些年推出的手机应用 Smart Irrigation Apps 和美国农业部开发的 CROPWAT 都是根据这种方法来进行灌溉决策的,已进入商业推广阶段的灌溉控制器如 Weathermatic SL1600、Toro Intelli-sense 和 ETwater Smart Controller 100 也是基于此方法。据报告,与一般的基于时间的灌溉控制器相比,基于气象信息的灌溉决策方法可节水 43%。

作物蒸散量的计算大致可以分为两类:直接计算法与间接计算法。直接计算法主要包括 Jensen-Haise 法、Betinke-Makey 法、蒸发皿法、Ivanov 法、Stephens-Stewart 法、Blaney-Criddle 法等。直接计算法都是采用主要气象因子和作物需水量之间的经验关系进行估算的。这种方法的缺点是,经验公式的区域局限性较强,其使用范围受到了很大限制。间接计算法是通过作物系数 K_c 和参考作物需水量 ET_0 进行计算的方法。目前,国际上较通用的作物需水量计算方法是通过参考作物需水量和各阶段作物系数来计算需水量。

参考作物需水量的参照面是一种人为假想的作物,这种作物的株高为 0.12 m,固定的叶面阻力为 705 s/m,反射率为 0.23,与地表被完全覆盖、表面平整、生长旺盛的草地类似。在不缺水情况下参照面腾发速率称作参考作物腾发速率,记作 ET_0。目前国际上主要采用 Penman-Monteith 公式法作为计算参考作物需水量最主流的方法。

1948 年在英格兰南部的 Rothansted 地区,Penman(1948 年)提出了在不考虑水汽水平运动的条件下,计算裸地、牧草蒸发和水面蒸发的公式,之后其又对植物水分蒸腾的生理机制进行了研究,并于 1953 年提出了计算植物叶片气孔蒸腾的模式。1965 年,Monteith 在 Penman 的研究基础上,对其理论做了进一步的丰富和完善,提出了基于水汽扩散理论和能量平衡理论的作物腾发量计算公式,即 Penman-Monteith 公式。

Penman 公式问世后,获得广泛关注,许多学者进行了研究并修正了其参数,形成了多种形式的修正 Penmen 公式。Allen 等用分布在世界不同地区的多个蒸渗仪的实测数据对 Penman-Monteith 公式和几个 Penman 修正式的计算结果进行验证。结果表明,用 Penman-Monteith 公式计算的参考作物的腾发量与实测结果之间差值最小。Jensen 等也用蒸渗仪实测值与 20 种计算或测定作物蒸发蒸腾的方法进行比较后得出结论,在不同的气候区,Penman-Monteith 公式都有较好的表现。

$$ET_0 = \frac{0.408\Delta(R_n - G) + \gamma\dfrac{900u_2}{T + 273}(e_a - e_d)}{\Delta + \gamma(1 + 0.34u_2)} \tag{1-1}$$

式中　R_n——净辐射,MJ/(m² · d);

　　　G——土壤热通量,MJ/(m² · d);

　　　T——平均气温,℃;

　　　e_d——实际水汽压强,kPa;

　　　e_a——饱和水汽压,kPa;

　　　Δ——温度—饱和水汽压关系曲线上 T 处的切线斜率,kPa/℃;

　　　γ——湿度表常数,kPa/℃;

　　　u_2——距地表 2 m 处风速,m/s。

由式(1-1)可知,ET_0 的大小由气象要素决定。相比于其他参数,气象要素的空间适用范围广,易于大面积范围的指导控制。

土哲以水稻为研究对象,采用 Penman-Monteith 公式,分别计算了在干旱和水层条件下的蒸散量,并与实测值进行对比。结果表明,Penman-Monteith 公式在水层条件下的计算精度比干旱条件下高。龚元石用 Penman-Monteith 公式与 Penman 公式分别估算了北京地区的参考作物腾发量,结果表明在不同季节造成计算结果偏差的原因不同,在春夏两季,引起偏差主要原因是二者中对辐射项的处理不同;在秋冬季,引起偏差的主要原因则是对空气动力学项处理方法不同。张文毅等利用关中中部地区 3 个气象站 41 年的月气象资料进行研究,得出了不同的结论,他认为用 Penman-Monteith 公式计算的参考作物蒸散量的年值要大于用 Penman 修正式计算的 ET_0 年值;春夏季,空气动力项的不同处理造成了 ET_0 计算结果差异,而秋冬季 ET_0 计算结果差异则是由辐射项的处理不同引起的。董光旭等利用山东省 90 个气象站的历史气象资料,采用 Penman-Monteith 公式计算了当地参考作物蒸散量,并分析了该值对各气象要素的敏感性,结果表明在山东地区平均风速对参考作物蒸散量的敏感性最高。刘晓英等利用北京小汤山称重力式蒸渗仪实测日值检验了多个 ET_0 模型,发现尽管 Penman-Monteith 公式在许多研究中表现最好,但是受空气动力项与太阳辐射项权重分配不合理的影响,容易造成计算偏差。

　　参考作物蒸发蒸腾是相对于一定的参照面而言的,并不能表示农田实际的腾发量,由于土壤环境与参照面的情况不同,作物腾发量和参考作物腾发量存在一定的差异。通常把某一时段作物实际腾发量(ET_c)与参考作物腾发量(ET_0)的比值称为作物系数(K_c)。

　　作物系数受作物类型,生长发育阶段,土壤水分、盐分和灌溉制度等诸多因子的影响,其确定方法可分为单作物系数法和双作物系数法。单作物系数法将农田的蒸发蒸腾结合起来考虑,这样带来的好处是,计算简单,对数据的要求较低,一般可用于农田灌溉规划设计及灌溉制度的制定。双作物系数法把农田的土壤蒸发和作物蒸腾分开来考虑,对应的作物系数分为基础作物系数 K_{cb} 和土面蒸发系数 K_e 两部分。许多学者的研究表明,采用双作物系数法计算作物需水量的精度较高,非常适合于农田水分变化规律研究及精细化灌溉管理。

$$ET_c = K_c ET_0 \qquad\qquad (1\text{-}2)$$

$$ET_c = (K_{cb}K_s + K_e)ET_0 \qquad (1\text{-}3)$$

　　式(1-2)、式(1-3)分别为单、双作物系数法计算作物需水量的公式。

　　式(1-2)中,K_c 为一个综合作物系数,它的大小与作物生育阶段、种类、品种、气候区及作物的群体叶面积指数等因素有关,是作物自身生理特征的反映。

　　式(1-3)中,K_{cb} 为基础作物系数,是在表层土壤干燥而根区平均含水率不对植株构成土壤水分胁迫条件下 ET_c 与 ET_0 的比值,主要反映的是作物潜在蒸腾的影响作用。在播种和苗期,对大多数作物来说其蒸腾作用微弱,基本作物系数较小,K_{cb} 取值约为 0.1~0.2;快速生长期迅速增大,为 0.3~0.85;当植被完全覆盖地面后,达最大值,接近于 1.0;成熟期又开始减小,为 0.8~0.15。K_s 表征作物受土壤水分胁迫的程度,该值的大小主要由土壤中有效水的含量来决定,当土壤水分充足时,$K_s = 1$。K_e 为表层土壤蒸发系数,它表示了作物地表在未被植株完全覆盖时,降雨和灌溉后湿润的表层土壤因蒸发消耗的土壤水的比例。

　　作物腾发量具体计算方法还可参阅联合国粮食及农业组织 56 号文件(简称 FAO-56)。赵丽雯等采用联合国粮食及农业组织 56 号文件(FAO-56)推荐的双作物系数法估算了大田玉米的蒸散发量,并利用涡动相关数据及小型蒸渗仪实测数据进行了检验,结果表明该方法可以较好地估算作物蒸散量,并有效区分农田作物蒸腾和土壤蒸发。赵娜娜等采用基于双作物系数法的 SIMDual_Kc 模型,对夏玉米的蒸散发过程进行模拟,发现在整个生育期内夏玉米棵间蒸发量占总腾发量的比例接近一半。闫昕等利用西北干旱区盈科灌区的资料,对双作物系数模型进行研究,并基于模型模拟结果计算出该灌区灌溉水有效利用系数明显低于内陆河灌区。

基于蒸散量决策灌溉的方法在生产实践中,可通过两种方法来实施:一是对于较大规模的种植户或兵团的团场,可以自主设立自动气象站,并预置相应的程序,自动计算并输出逐日 ET_0 值,甚至 ET_c 的值,用户只要记住各田块上次灌溉的时间,然后根据这些信息即可确定累计 ET_c 值,当该值达到某一阈值时,即是需要灌溉的时间。这种方法也很容易置入自动灌溉控制系统,实施自动灌溉。二是对于小规模的零散种植户,在大面积推广应用时,可以委托气象站或农技服务部门定时向广大种植户提供逐日 ET_0 值或者 ET_c 值,供种植户使用,在建立农田管理档案的情况下,也可由农技服务部门直接向种植户推送需要灌溉的信息。一般情况下,一个气象监测点至少可以控制直径为 50 km 的区域。基于此,本书依据在试验田实时获取的气象数据,利用联合国粮食及农业组织 56 号文件(FAO-56)推荐的方法估算膜下滴灌棉田的作物蒸发蒸腾量(ET_c),将其作为灌溉决策的重要参数,然后结合设置不同的灌水定额,探索基于气象信息指导南疆膜下滴灌棉花精准灌溉的可行性及适宜的灌溉管理方案。

1.4 研究内容及目标

1.4.1 研究内容

1.4.1.1 冬春灌对南疆棉田土壤水盐动态和棉花生长的影响研究

以南疆绿洲区棉田为研究对象,采用室内模拟、小区控制试验和模型模拟等方法,开展冬春灌淋洗对南疆棉田土壤水盐动态的影响及调控模式研究,明确不同初始土壤水盐状况对棉种萌芽、出苗及幼苗生长、干物质等指标的影响,确定棉花萌发—苗期的适宜土壤水分及盐分调控阈值;探究不同冬春灌模式及淋洗定额对棉田休作期土壤水盐动态及冻融返盐特性,以及对棉花生育期土壤水盐动态和棉花出苗率、生长指标、产量等的影响,确定适宜的冬春灌模式和淋洗定额;开展棉田土壤水分运移及棉花生长和产量模拟,确定南疆地区棉花适宜的土壤水分管理方案。

1.4.1.2 基于气象信息指导南疆膜下滴灌棉花灌溉的试验研究

通过田间小区控制试验,开展基于气象信息指导南疆膜下滴灌棉花灌溉的试验研究,探究基于气象信息的灌水处理对南疆膜下滴灌棉田水盐运移、棉花生长、产量形成、耗水以及水分利用效率的影响,评估单作物系数法和 SIMdual_Kc 双作物系数模型用于计算南疆膜下滴灌棉花蒸散量的准确性与适用性,确定南疆膜下滴灌棉花各生育阶段适宜的作物系数,提出基于气象信息的南疆膜下滴灌棉田水分高效管理模式。

1.4.1.3 南疆无膜滴灌棉田土壤水热盐特征及灌溉模式研究

通过开展不同滴灌带布置方式与灌水定额田间试验,探究不同灌水技术参数对无膜滴灌棉田土壤水热盐分布规律、棉花生长、耗水特性和产量形成的影响,构建适宜无膜滴灌棉花生长的最优水热盐环境,确定南疆无膜滴灌棉花生长适宜的滴灌带布置方式和灌水定额。

1.4.2　研究目标

针对南疆特殊的土壤和气候条件,通过采用室内土柱试验、小区试验和模型模拟相结合的方法,开展南疆棉田冬春灌及棉花生育期节水控盐关键技术研究,探究不同冬春灌策略及膜下、无膜滴灌灌溉模式对南疆棉田土壤水盐动态变化、棉花生长的影响,明确适宜棉种萌发及早期生长的初始土壤水盐阈值,提出适宜棉田土壤盐分淋洗的冬春灌模式及淋洗定额,确定无膜滴灌棉田高效用水策略与基于气象信息指导南疆膜下滴灌棉花生育期适宜的灌溉制度,为南疆农业生态环境良性循环、棉田高效自动化灌溉以及土壤盐渍化防治提供理论支撑和技术指导。

第 2 章　棉花早期生长对土壤水盐环境的响应

棉种萌发和幼苗决定了棉株发育的质量,苗齐和苗壮是高产栽培的基础,提高棉花出苗质量和幼苗成活,对棉花产量的形成和品质提高有着十分重要的意义。环境因素中水、热、盐是种子萌发的基本条件,适宜的水分、温度以及盐分有利于种子的萌发。然而在南疆地区,植物生长发育常受盐、旱、高低温、强光照等不利因素的影响,显著影响种子的萌发。因此,本章通过盆栽试验和室内培养试验研究了不同初始土壤水盐状况对棉种萌发、出苗及幼苗生长、干物质等指标的影响,并通过土柱试验,研究确定不同初始土壤含盐量条件下的盐分淋洗参数及定额。主要研究结论如下所述。

(1)棉田初始水盐状况对棉花早期生长的影响。

在棉花播种前,应将初始土壤体积含水率保持在 $20\% < \theta_0 < 24\%$,棉花出苗率可以达到 90% 以上。所以,当土壤盐分低于 0.3% 时,可将 $0 \sim 20$ cm 土层深度的初始土壤体积含水率($20\% < \theta_0 < 24\%$)这一指标作为指导棉田春灌灌水定额或棉花补墒灌溉定额的制定依据。播后 15 d、25 d,棉花子叶面积并没有随着初始土壤含水率的增加而显著增大,而低含水率处理的棉花子叶面积相对最大。初始土壤含水率的高低与棉花子叶面积没有显著的线性关系。播后 15 d、25 d,初始土壤含水率较高的处理棉花幼苗生长相对较矮,而低含水率处理的棉花幼苗生长相对较为旺盛株高高,初始土壤含水率的高低与棉花幼苗株高无显著的线性关系。

初始盐分浓度越高,棉花幼苗生长受抑制程度越强烈,整体表现为棉花幼苗生长缓慢、子叶面积小、根系发育迟缓、幼苗干物质积累不足。不同盐分浓度处理的棉花幼苗一级侧根数量、地上部分干重及地下部分干重均受到盐分影响,各指标随盐分浓度的升高而显著降低。因此,当盐分浓度低于 4 g/L 时,能够保证棉种正常萌发而不产生盐害;当盐分浓度超过 4 g/L 时,对棉种萌发的抑制作用开始显现;当盐分浓度高于 5 g/L 时,对棉种萌发的抑制作用强烈。对棉花幼苗生长影响较小的盐分浓度适宜值应控制在低于 4 g/L,当超过 4 g/L 时,棉花幼苗生长减缓明显,盐分浓度越高抑制作用越显著。

(2)土壤排盐系数及淋洗定额计算。

南疆地区土壤盐渍化程度不同,排盐系数不同。土壤盐分初始值为 0.446%、0.588%、0.593%、0.779%、0.829%、1.039% 和 1.109% 时,沙壤土排盐系数分别为 16.7、23.1、23.7、33.1、35.3、46.4 和 47.3。以脱盐标准 0.3% 进行理论淋洗定额的实测验证,当初始土壤盐分值低于 0.6% 时,淋洗后实测的土壤盐分值低于脱盐标准 0.3%,说明理论淋洗定额能够满足土壤实际脱盐需要。当初始土壤盐分值高于 0.6% 时,淋洗后实测的土壤盐分值要大于脱盐标准 0.3%,说明理论淋洗定额对于土壤盐分的淋洗没有达到要求的脱盐标准值,淋洗定额偏小,在实际灌溉过程中需适度提高淋洗定额。

(3)土壤水分运移模拟。

基于水量平衡原理和达西定律建立的土壤水分运移模型,能够较好地模拟不同地下水位和灌水量情景下的土壤剖面含水率的变化规律。通过分析不同灌水量和地下水埋深条件下,地下水与土壤水的累积交换量关系得出,在南疆地区,地下水位埋深小于1 m时,应控制棉田灌水量小于120 mm;当地下水位埋深在1.5 m时,应控制棉田灌水量小于150 mm;当地下水位埋深在2 m时,应控制棉田灌水量低于210 mm。

2.1　试验基本情况

2.1.1　土壤含水率对棉花早期生长影响

2.1.1.1　土样采集

试验用土样取自新疆生产建设兵团第一师阿拉尔市水利局十团灌溉试验站的棉田内,取土深度为100 cm,按照0~20 cm、20~40 cm、40~60 cm、60~80 cm、80~100 cm分层取土。将取的土样带回实验室置于室内干燥通风处完全风干,磨碎过筛后装袋备用。

土壤容重采用环刀法测定,在0~100 cm挖取垂直剖面用环刀分层取土,带回室内测定土壤容重。土壤颗粒组成采用BT-9300HT型激光粒径分布仪测定。采用烘干法测定0~100 cm土层土壤的平均盐分值为0.24%。取样点各层土壤容重及颗粒组成见表2-1。

表2-1　土壤容重及颗粒组成

分层 (cm)	黏粒 (%)	粉粒 (%)	砂粒 (%)	凋萎系数 (g/g)	田间持水率 (g/g)	饱和含水率 (g/g)	容重 (g/cm³)
0~20	2.43	41.49	56.08	0.10	0.21	0.24	1.60
20~40	2.55	41.40	56.05	0.10	0.24	0.30	1.55
40~60	2.88	42.82	54.30	0.12	0.25	0.33	1.58
60~80	2.60	41.40	56.00	0.13	0.25	0.32	1.59
80~100	2.60	41.40	56.00	0.12	0.24	0.31	1.60

2.1.1.2　试验装置

棉花盆栽试验为有底的圆柱形盆,规格为高20 cm、直径20 cm,下部开孔排水,并用无纺布多层铺设,防止土粒随水排出。试验开始前,将风干土均匀装入盆内,装填高度为20 cm。

2.1.1.3　试验设计

试验设置了8个初始土壤含水率水平处理,分别为10%、12%、14%、16%、18%、20%、22%、24%(体积含水率),每个处理5次重复。在棉花播种前,统一将盆内0~20 cm土层灌水至饱和状态,渗漏水分自下部排水孔排出,然后将盆埋于室外棉田中,在自然蒸发状态下使盆中土壤水分降至试验要求的初始土壤含水率。

2.1.1.4　水分监测

在试验过程中,分别在每个处理中安装土壤水分传感器(EM50),传感器的埋设深度为5 cm,便于实时监测各处理的盆内土壤水分变化情况。

2.1.1.5　棉花生长观测

当水分传感器监测到不同处理的初始土壤含水率先后达到10%、12%、14%、16%、18%、20%、22%、24%时,参照大田棉花5 cm播入深度的要求,在盆内播种棉花,每盆播种10粒棉种,播后覆膜。分别在播后 5 d、10 d、15 d 观测棉种发芽、出苗及幼苗的生长情况。

2.1.2　盐分浓度对棉花早期生长影响

2.1.2.1　盐分浓度配置

试验用咸水取自试验区地下水,实测的咸水矿化度值为 10.54 g/L,采用蒸馏水稀释,按照一定的比例配制成不同浓度的盐分溶液用于棉种发芽及幼苗生长试验。试验用盐分浓度分别设置为 0[空白试验(CK)]、1 g/L、2 g/L、3 g/L、4 g/L、5 g/L、6 g/L、7 g/L、8 g/L、9 g/L、10 g/L,共计 11 个处理,3 次重复。

2.1.2.2　室内棉种发芽试验

将 10 粒试验棉种均匀摆放在发芽盒内,棉种下部放置两层滤纸,再在其上覆盖一层滤纸。每个处理分别用移液管加入不同矿化度的咸水溶液,用量以上层滤纸湿润为准。将加入不同矿化度咸水溶液处理的发芽盒放入光照恒温培养箱,温度保持在 30 ℃恒温,分别在第 3 天和第 7 天观测棉种发芽势和发芽率,并计算相对盐害率[相对盐害率(%)=(对照发芽率-处理发芽率)/对照发芽率×100]。

2.1.2.3　室内棉花幼苗生长试验

在发芽盒内放置 5 cm 厚的石英砂(经高温消毒),每个发芽盒内种植 30 粒棉种。用营养液在光照培养箱内先培养至出苗,然后加入不同矿化度的咸水溶液,每种盐分浓度 3 次重复。将培养箱内的温度控制在恒温 25 ℃左右,每天光照 12 h。在培养箱内培养 2 周后,测定棉花幼苗株高、主根长、子叶面积、一级侧根数量、幼苗地上部分干重、幼苗地下部分干重等生长指标。

2.1.3　盐渍化土壤排盐系数及淋洗定额确定

2.1.3.1　盐渍土样品采集

在新疆生产建设兵团第一师阿拉尔垦区 11 团根据不同的土壤盐渍化程度选择 7 个采样点,环刀分层取样,测得 0~40 cm 土壤容重均值为 1.46 g/cm³,土壤类型为沙壤土。分层取土将 0~40 cm 土层的土样取回室内自然风干磨碎备用。室内测定的土壤盐分初始值 $S_0(\%)$ 分别为 0.446%、0.588%、0.593%、0.779%、0.829%、1.039%、1.109%。

2.1.3.2　土壤排盐系数计算

将不同盐分初始值的风干土过筛,分层装入不同的土柱内,土柱高度为 40 cm,直径 25 cm,下部开孔排水,并用无纺布多层铺设,防止土粒随水排出。按照土壤盐分初始值大小,处理编号依次为 1、2、…、7,每个处理 3 次重复。试验用水为市政用水,矿化度较低,可忽略影响。

将 $m=0.02$ m³(相当于 70 m³/亩)的水量灌入土柱内,待底部不再有水分排出后静置 3~5 d,分层取土(5~10 cm、10~20 cm、20~30 cm、30~40 cm)测定淋洗后土柱剖面的盐分均值 $s_1(\%)$,由式(2-1)分别计算出不同处理的排盐系数 k:

$$k = s'/m \qquad (2-1)$$

式中　k ——排盐系数,为单位体积淋洗水能排走的盐量,kg/m³,一般取值为 15~75 kg/m³;

s'——淋洗前后的盐分差值(%)，$s' = s_0 - s_1$；

m——灌溉水量，m^3。

2.1.3.3　土壤淋洗定额计算

土壤盐分淋洗定额由式(2-2)~式(2-4)计算所得：

$$M = m_1 + m_2 + E - P \quad (可简化为 M = m_1 + m_2) \tag{2-2}$$

$$m_1 = \beta_1 - \beta_2 = \gamma h(\theta_{max} - \theta_0) \tag{2-3}$$

$$m_2 = 1\,000\gamma h(s_0 - s_2)/k \tag{2-4}$$

式中　M——淋洗定额，mm；

　　　m_1——计划淋洗层的土壤含水率与田间持水率的差额，mm；

　　　m_2——按计划的淋洗脱盐标准淋洗盐分所需的水量，mm；

　　　E——淋洗期内的蒸发水量，mm，在南疆地区，由于淋洗一般在11月底或次年3月，气温较低，蒸发量小，一般可忽略不计；

　　　P——淋洗期内可利用的水量，mm，在南疆地区淋洗期内降水较少可忽略不计；

　　　h——计划淋洗层的深度，m；

　　　γ——计划淋洗层的土壤容重，kg/m^3；

　　　β_1——田间持水率时计划淋洗层内水量，mm，$\beta_1 = \gamma h\theta_{max}$，$\theta_{max}$为实测的田间持水率，$\theta_{max} = 26.36\%$；

　　　β_2——计划淋洗层的土壤实际含水率，mm，$\beta_2 = \gamma h\theta_0$，在本试验中为风干土，所以$\theta_0 = 0$；

　　　s_0——计划淋洗层的实际盐分值占干土重的百分数(%)；

　　　s_2——计划淋洗层的土壤允许盐分值占干土重的百分数(%)，本试验中土壤脱盐标准s_2均取值为0.3%；

　　　k——排盐系数，kg/m^3。

2.1.3.4　土壤实际脱盐值验证

当土壤盐分值低于0.3%时能够满足棉花的正常生长，因此土壤盐分淋洗试验设定的计划淋洗层脱盐标准为0.3%，在土柱内验证理论淋洗定额的实际淋洗盐分值与脱盐标准值(0.3%)是否一致。试验用土壤盐分初始值分别为0.446%、0.588%、0.593%、0.779%、0.829%、1.039%、1.109%，设置的土壤盐分淋洗深度为10 cm、20 cm、30 cm，共计21个处理。处理方案见表2-2。将式(2-2)计算出的不同深度理论淋洗定额M灌入土柱中，待土柱底部不再有水分渗出静置3~5 d后，分别测定不同处理0~5 cm、5~10 cm、10~20 cm、20~30 cm深度的土壤含盐量均值s_3(%)，并计算不同处理的脱盐率η(%)。

$$\eta = (s_0 - s_3)/s_0 \tag{2-5}$$

2.1.4　土壤水分运移模拟

2.1.4.1　土样采集

土样取自新疆生产建设兵团第一师阿拉尔市水利局十团灌溉试验站内的棉田，取土深度为0~100 cm。按照0~15 cm、15~30 cm、30~45 cm、45~60 cm、60~80 cm、80~100 cm分层取土，将土样带回实验室置于通风干燥处自然风干，磨碎过筛后分层均匀装入土柱内。取样点各层土壤容重及颗粒组成见表 2-1，初始土壤盐分值为 0.24%。

表 2-2　土壤脱盐试验处理方案

处理	土壤盐分初始值 i(%)	淋洗深度 j(cm)		
	0.446	10	20	30
	0.588	10	20	30
	0.593	10	20	30
M_{ij}	0.779	10	20	30
	0.829	10	20	30
	1.039	10	20	30
	1.109	10	20	30

注：表中 M_{ij} 代表不同处理，i 表示土壤盐分值排列序号，j 表示不同淋洗深度。

2.1.4.2　试验装置

室内土柱试验在塔里木大学现代农业工程自治区重点实验室内开展。土柱规格为高 200 cm、直径 50 cm 的有机玻璃体，下部有底（见图 2-1）。

图 2-1　室内土柱试验

2.1.4.3　试验设计

试验共设置有地下水埋深 1.5 m 和无地下水处理 2 个水平，各处理的淋洗定额为 120 m³/亩。对于有地下水控制要求的试验，先自土柱底部按照砂石粒径自上而下依次减小进行砂石垫层装填，10 cm 为一层，装填高度为 30 cm，在土壤和砂石界面铺设三层不同孔径大小的纱网，以防止土粒冲刷下移。在纱网上面装填土样，高度为 1.5 cm。在土柱底部开孔与马氏瓶连接，控制地下水位。对于无地下水控制要求的试验，自土柱底部开始分层装填土样，20 cm 为一层，装填高度为 1.8 m。

2.1.4.4　土壤水分监测

对有地下水位要求的土柱试验，在试验开始前，先通过马氏瓶控制地下水位，从土柱底部通过马氏瓶注水，控制水位慢慢上升到土砂界面，这时上部土壤开始吸水，在地下水位不断变化过程中，一直保持马氏瓶不间断供水，当土壤吸水饱和后，观测马氏瓶水位不再下降且保持稳定时,停止注水。

试验开始后,将不同定额的水量不间断灌入有地下水位要求和无地下水位要求的土柱,待水量全部灌完后在土壤表层覆盖薄膜,防止蒸发。沿着土柱竖直方向,自土壤表层间隔 20 cm 打孔安装水分传感器(EM50),对土壤水分数据进行实时监测,采集时间间隔为 1 min。

2.1.4.5　土壤水分运移模拟

通过实测数据,基于水量平衡和达西定律建立有地下水影响的土壤水分运移模型,为揭示不同地下水位埋深和灌水量情景下的土壤水分动态变化过程,设 7 个地下水位埋深(1 m、1.5 m、2 m、2.5 m、3 m、3.5 m、4 m)和 7 个灌水量(120 mm、150 mm、180 mm、210 mm、240 mm、270 mm、300 mm),采用模型对上述 49 种情景的土壤水分动态变化进行模拟。

2.2　棉田初始土壤水盐状况对棉花早期生长的影响

2.2.1　初始土壤含水率对棉花出苗率的影响

图 2-2 是在不同初始土壤含水率条件下,分别在播种后 5 d、10 d 和 15 d 测定的棉花出苗率。由图 2-2 可看出,播种后 5 d,不同初始土壤含水率处理的棉花出苗率差异明显,10% 和 12% 处理的棉花出苗率为 0,但随着初始土壤含水率的增加,棉花出苗率显著提高。经统计分析,22%、24% 与 14%、16%、18%、20% 处理间的差异性显著($p < 0.05$)。播种后 10 d,不同初始土壤含水率处理的棉花出苗率有了明显的提高,24% 处理的棉花出苗率最高达到了 92.5%,10% 处理的棉花出苗率最低为 36%,其他处理的出苗率依次为 52.5%、58%、60%、83.3%、85% 和 90%。播种后 15 d,各处理的棉花出苗率较播种 10 d 的提高幅度较小。由上述分析可知,对于棉花出苗率相同或差异较小的处理,初始土壤含水率越低,其所需灌溉水越少,在干旱地区将更有利于节约灌溉水资源。当棉花出苗率为 <80%、80% ~ 90%、>90% 时,对应的初始土壤含水率分别为 <16%、16% ~ 20%

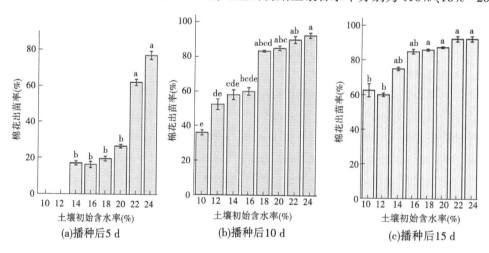

注:不同字母表示处理间差异显著($p < 0.05$),余同。

图 2-2　不同初始土壤含水率处理的棉花出苗率

和>20%,因此当土壤盐分低于 0.3% 时,可将 0~20 cm 土层深度的初始土壤体积含水率
($20\%<\theta_0<24\%$)这一指标作为指导棉田春灌灌水定额或棉花补墒灌溉定额的制定依据。

　　图 2-3 是初始土壤含水率与播种后 5 d、10 d 和 15 d 的棉花出苗率的拟合关系。通过建立的拟合方程可知,初始土壤含水率与棉花出苗率有较好的线性相关关系,播种后 5 d、10 d 和 15 d 的棉花出苗率与初始土壤含水率的相关系数均达到了 0.9 以上,相关性较高。

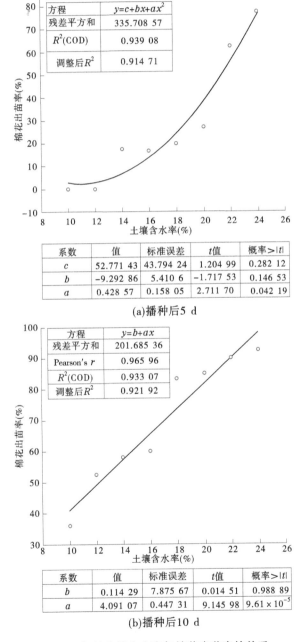

方程	$y=c+bx+ax^2$
残差平方和	335.708 57
R^2(COD)	0.939 08
调整后 R^2	0.914 71

系数	值	标准误差	t 值	概率>|t|
c	52.771 43	43.794 24	1.204 99	0.282 12
b	-9.292 86	5.410 6	-1.717 53	0.146 53
a	0.428 57	0.158 05	2.711 70	0.042 19

(a)播种后 5 d

方程	$y=b+ax$
残差平方和	201.685 36
Pearson's r	0.965 96
R^2(COD)	0.933 07
调整后 R^2	0.921 92

系数	值	标准误差	t 值	概率>|t|
b	0.114 29	7.875 67	0.014 51	0.988 89
a	4.091 07	0.447 31	9.145 98	9.61×10^{-5}

(b)播种后 10 d

图 2-3　初始土壤含水率与棉花出苗率的关系

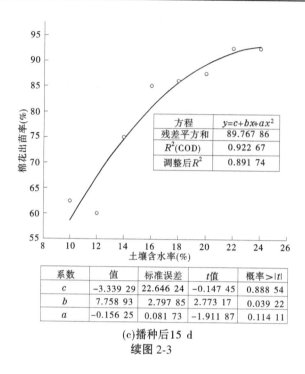

方程	$y=c+bx+ax^2$
残差平方和	89.767 86
R^2(COD)	0.922 67
调整后R^2	0.891 74

系数	值	标准误差	t值	概率$>|t|$
c	−3.339 29	22.646 24	−0.147 45	0.888 54
b	7.758 93	2.797 85	2.773 17	0.039 22
a	−0.156 25	0.081 73	−1.911 87	0.114 11

(c)播种后15 d

续图 2-3

2.2.2 初始土壤含水率对棉花幼苗子叶面积的影响

图 2-4 是在不同初始土壤含水率条件下,分别在播种后 15 d、25 d 测定的棉花子叶面积。由图 2-4 可看出,播种后 15 d,不同初始土壤含水率处理的棉花子叶面积差异性不明显,初始土壤含水率最低 10%处理的棉花子叶面积最大为 4.2 cm²,18%、20%处理的子叶面积最小均为 2.9 cm²,其他处理的棉花子叶面积依次为 3.6 cm²、3.7 cm²、4.0 cm²、3.8 cm² 和 3.5 cm²。经统计分析,18%、20% 与 10%处理的棉花子叶面积的差异性显著($p<0.05$),而其他处理间的棉花子叶面积差异性不显著($p>0.05$)。在播种后 25 d,各处理的棉花子叶面积依次为 6.3 cm²、4.8 cm²、5.6 cm²、5.0 cm²、4.1 cm²、4.6 cm²、5.2 cm² 和 4.7 cm²。经统计分析,18%、20%与 10%处理的棉花子叶面积差异性显著($p<0.05$),而

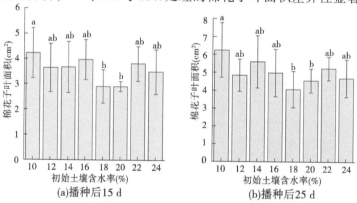

图 2-4 不同初始土壤含水率条件下棉花幼苗子叶面积

其他处理的棉花子叶面积差异性不显著($p>0.05$)。由上述分析可知,播种后 15 d、25 d 的棉花子叶面积并不是随着初始土壤含水率的增加而显著增大,低含水率处理的棉花子叶面积相对最大,说明一定的水分胁迫会加速子叶生长,促进棉花生长发育加快,影响棉花生育进程。

图 2-5 是初始土壤含水率与播种后 15 d、25 d 的棉花子叶面积拟合关系。通过建立的拟合方程可知,初始土壤含水率的高低与棉花子叶面积没有显著的线性关系,播种后 15 d、25 d 的棉花子叶面积与初始土壤含水率的相关系数分别为 0.46 和 0.54,相关性不高。

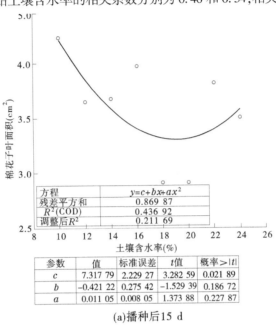

方程	$y=c+bx+ax^2$
残差平方和	0.869 87
R^2(COD)	0.436 92
调整后R^2	0.211 69

参数	值	标准误差	t值	概率>|t|
c	7.317 79	2.229 27	3.282 59	0.021 89
b	-0.421 22	0.275 42	-1.529 39	0.186 72
a	0.011 05	0.008 05	1.373 88	0.227 87

(a)播种后 15 d

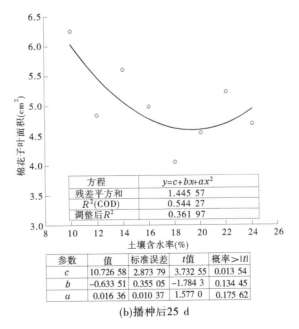

方程	$y=c+bx+ax^2$
残差平方和	1.445 57
R^2(COD)	0.544 27
调整后R^2	0.361 97

参数	值	标准误差	t值	概率>|t|
c	10.726 58	2.873 79	3.732 55	0.013 54
b	-0.633 51	0.355 05	-1.784 3	0.134 45
a	0.016 36	0.010 37	1.577 0	0.175 62

(b)播种后 25 d

图 2-5　初始土壤含水率与棉花子叶面积的关系

2.2.3　初始土壤含水率对棉花幼苗株高的影响

图 2-6 是在不同初始土壤含水率条件下,播种后 15 d、25 d 分别测定的棉花幼苗株高。由图 2-6 可看出,播种后 15 d,不同处理的棉花幼苗株高相差不大,初始土壤含水率最低 10%处理的棉花幼苗株高最高,18%、20%处理的棉花幼苗株高最矮,各处理的棉花株高依次为 4 cm、3.4 cm、3.2 cm、3.4 cm、2.9 cm、2.9 cm、3.8 和 3.4 cm,经统计分析,各处理的棉花幼苗株高的差异性不显著($p>0.05$)。播种后 25 d,各处理的棉花幼苗株高与播种后 15 d 的株高长势较为一致,10%处理的棉花幼苗株高仍是所有处理中最高的,18%处理的棉花幼苗株高最矮,各处理的棉花幼苗株高依次为 5.3 cm、4.2 cm、5.2 cm、4.9 cm、4.1 cm、4.6 cm、5.1 cm、4.5 cm,经统计分析,各处理的棉花幼苗株高的差异性不显著($p>0.05$)。由上述分析可知,对于播种后 15 d、25 d 的棉花幼苗生长,初始土壤含水率越高的处理棉花幼苗生长相对越矮,而含水率越低棉花幼苗的生长越旺盛,苗高越高,说明水分胁迫改变了土壤生境条件,促进了棉花生长,进而影响到棉花的生育进程。

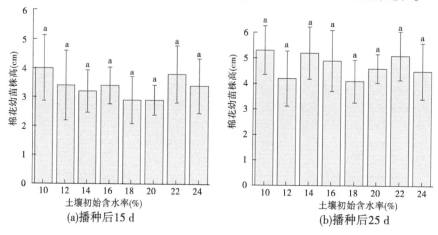

图 2-6　不同初始土壤含水率条件下棉花幼苗株高

图 2-7 是初始土壤含水率与播种后 15 d、25 d 的棉花幼苗株高的拟合关系。通过建立的拟合方程可知,初始土壤含水率的高低与棉花幼苗株高没有显著的线性关系,播种后 15 d 的棉花幼苗株高与初始土壤含水率的相关系数要好于播种后 25 d 的,分别为 0.55 和 0.11,相关性均不高。

2.2.4　不同盐分浓度对棉种发芽指标的影响

图 2-8 是不同的盐分浓度条件下,测定的棉花盐害率、发芽势和发芽率。由图 2-8 可看出,当盐分浓度≤4 g/L 时,无明显的盐害,盐害率为 0;当盐分浓度>4 g/L 时,开始出现盐害,且随着盐分浓度升高,盐害率显著增加;盐分浓度为 5~10 g/L 的各处理棉花盐害率分别为 4.3%、5.5%、26.4%、36.4%、52.6% 和 59.3%。经统计分析,盐分浓度为 5 g/L、6 g/L 处理与 7 g/L、8 g/L、9 g/L、10 g/L 处理的棉花盐害率差异性显著($p<0.05$),盐害率越高对于棉花发芽的影响越大。

当盐分浓度≤4 g/L 时,1 g/L、2 g/L、3 g/L 处理的棉花发芽势分别为 75%、74%、

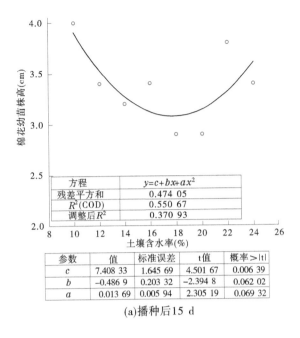

方程	$y=c+bx+ax^2$
残差平方和	0.474 05
R^2(COD)	0.550 67
调整后R^2	0.370 93

参数	值	标准误差	t值	概率>|t|
c	7.408 33	1.645 69	4.501 67	0.006 39
b	−0.486 9	0.203 32	−2.394 8	0.062 02
a	0.013 69	0.005 94	2.305 19	0.069 32

(a)播种后15 d

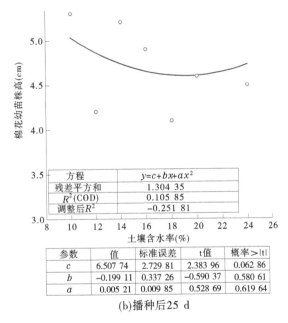

方程	$y=c+bx+ax^2$
残差平方和	1.304 35
R^2(COD)	0.105 85
调整后R^2	−0.251 81

参数	值	标准误差	t值	概率>|t|
c	6.507 74	2.729 81	2.383 96	0.062 86
b	−0.199 11	0.337 26	−0.590 37	0.580 61
a	0.005 21	0.009 85	0.528 69	0.619 64

(b)播种后25 d

图 2-7　初始土壤含水率与棉花幼苗株高的关系

74%,高于 CK 的,而 4 g/L 处理的棉花发芽势为 72%,略低于 CK 的。经统计分析,各处理与 CK 的棉花发芽势差异性不显著($p>0.05$),说明盐分浓度低于 4 g/L 对棉花发芽势的影响较小。当盐分浓度>4 g/L 时,受到盐分胁迫的影响,棉花发芽势出现较为明显的降低;盐分浓度 5~10 g/L 各处理的棉花发芽势依次为 70%、64%、52%、41%、30% 和 26%。经统计分析,各处理与 CK 的棉花发芽势差异性显著($p<0.05$)。

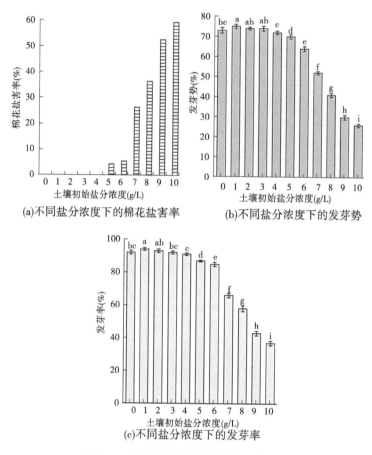

图 2-8　不同盐分浓度下的棉花发芽指标

当盐分浓度≤4 g/L 时,盐分浓度 1~4 g/L 各处理的棉花发芽率分别为 94%、93%、92%和 91%,其中 1 g/L、2 g/L 处理的棉花发芽率要高于 CK 的,而 3 g/L、4 g/L 处理与 CK 的相当或略低。经统计分析,各处理与 CK 的棉花发芽率差异性不显著($p>0.05$),表明盐分浓度低于 4 g/L 对棉花发芽率影响不大。当盐分浓度>4 g/L 时,棉花发芽率的降低幅度较大;盐分浓度 5~10 g/L 各处理的棉花发芽率依次为 87%、85%、66%、58%、43%和 37%。经统计分析,各处理与 CK 的棉花发芽率差异性显著($p<0.05$)。

由上述分析可知,土壤盐渍化程度越高对棉花发芽势、发芽率的抑制越严重。当盐分浓度低于 4 g/L 时,能够保证棉种正常萌发而不产生危害。当盐分浓度超过 4 g/L 时,对棉种萌发的抑制作用开始显现,高于 5 g/L 时抑制作用强烈。低盐分浓度对棉种萌发产生抑制作用的影响较小,在某种程度上还具有一定的促进作用。因此,保证棉种正常萌发而不产生危害的盐分浓度值应低于 4 g/L。

图 2-9 为盐分浓度与棉花发芽势和发芽率的拟合关系。通过建立的拟合方程可知,盐分浓度与棉花发芽势、发芽率具有较高的相关性,相关系数均达到了 0.97 以上。

2.2.5　不同盐分浓度对棉花幼苗生长的影响

图 2-10 是不同的盐分浓度条件下,测定的棉花幼苗株高和子叶面积。由图 2-10 可看

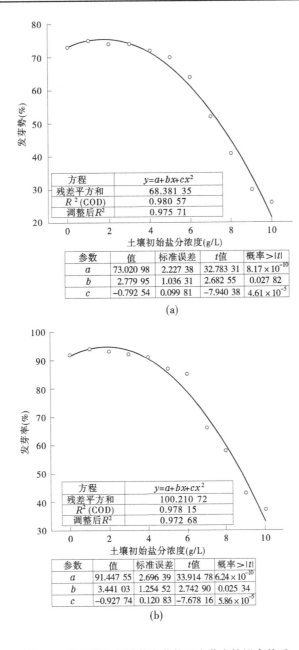

方程	$y=a+bx+cx^2$
残差平方和	68.381 35
R^2 (COD)	0.980 57
调整后R^2	0.975 71

参数	值	标准误差	t值	概率$>|t|$
a	73.020 98	2.227 38	32.783 31	8.17×10^{-10}
b	2.779 95	1.036 31	2.682 55	0.027 82
c	-0.792 54	0.099 81	-7.940 38	4.61×10^{-5}

(a)

方程	$y=a+bx+cx^2$
残差平方和	100.210 72
R^2 (COD)	0.978 15
调整后R^2	0.972 68

参数	值	标准误差	t值	概率$>|t|$
a	91.447 55	2.696 39	33.914 78	6.24×10^{-10}
b	3.441 03	1.254 52	2.742 90	0.025 34
c	-0.927 74	0.120 83	-7.678 16	5.86×10^{-5}

(b)

图 2-9　盐分浓度与棉花发芽势和发芽率的拟合关系

出,棉花幼苗生长对盐分响应比较敏感,盐分浓度越高对棉花幼苗生长产生的影响越大。当盐分浓度≤4 g/L 时,1~4 g/L 各处理的幼苗株高依次为 12.6 cm、12.7 cm、12.4 cm 和 11.8 cm,分别较 CK 的棉花幼苗矮 0.6 cm、0.5 cm、0.8 cm 和 1.4 cm。经统计分析,各处理与 CK 的棉花幼苗株高的差异性不显著($p>0.05$)。当盐分浓度>4 g/L 时,受盐分胁迫影响,棉花幼苗生长明显放缓,5~10 g/L 各处理的棉花幼苗株高分别为 10.2 cm、8.2 cm、6.4 cm、6 cm、4.2 cm 和 3.6 cm。经统计分析,各处理与 CK 的棉花幼苗株高差异性不显著($p<0.05$)。

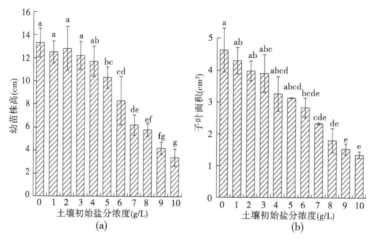

图 2-10　不同盐分浓度下的棉花幼苗株高和子叶面积

当盐分浓度≤2 g/L 时,1 g/L、2 g/L 处理的棉花子叶面积与 CK 的差异性不显著($p>$ 0.05),幼苗子叶面积为 4.3 cm^2 和 3.98 cm^2,较 CK 的棉花子叶面积分别减小 0.33 cm^2、0.65 cm^2。当盐分浓度>2 g/L 时,棉花子叶面积降低幅度较大,3~10 g/L 各处理的棉花子叶面积依次为 3.9 cm^2、3.26 cm^2、3.13 cm^2、2.83 cm^2、2.33 cm^2、1.8 cm^2、1.53 cm^2 和 1.35 cm^2。经统计分析,各处理的棉花子叶面积与 CK 的差异性显著($p<0.05$)。

图 2-11 是盐分浓度与棉花幼苗株高、子叶面积的拟合关系。通过建立的拟合方程可知,盐分浓度与棉花幼苗株高、子叶面积具有较高的相关性,相关系数均达到了 0.97 以上。

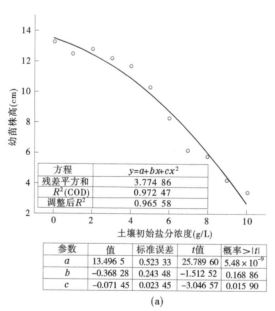

方程	$y=a+bx+cx^2$
残差平方和	3.774 86
R^2(COD)	0.972 47
调整后 R^2	0.965 58

参数	值	标准误差	t值	概率>|t|
a	13.496 5	0.523 33	25.789 60	5.48×10^{-9}
b	-0.368 28	0.243 48	-1.512 52	0.168 86
c	-0.071 45	0.023 45	-3.046 57	0.015 90

(a)

图 2-11　盐分浓度与棉花幼苗株高和子叶面积的拟合关系

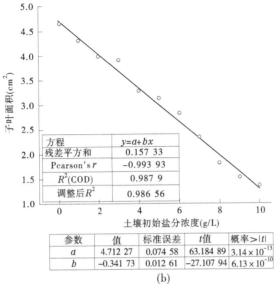

方程	$y=a+bx$
残差平方和	0.157 33
Pearson's r	−0.993 93
R^2(COD)	0.987 9
调整后 R^2	0.986 56

参数	值	标准误差	t 值	概率>$|t|$
a	4.712 27	0.074 58	63.184 89	3.14×10^{-13}
b	−0.341 73	0.012 61	−27.107 94	6.13×10^{-10}

(b)

续图 2-11

2.2.6　不同盐分浓度对棉花幼苗根系的影响

图 2-12 是不同的盐分浓度条件下,测定的棉花幼苗主根长和侧根数量。由图 2-12 可看出,盐分浓度越大越不利于棉花幼苗主根生长和侧根数量的增加。当盐分浓度≤3 g/L 时,1 g/L、2 g/L、3 g/L 处理与 CK 的棉花幼苗主根长的差异性不显著($p>0.05$),棉花幼苗主根长分别为 15.4 cm、15.3 cm 和 15.1 cm,较 CK 的分别减少 0.9 cm、1.0 cm 和 1.2 cm。当盐分浓度>3 g/L 时,3~10 g/L 各处理的棉花主根长受抑制作用明显,主根长依次为 13.9 cm、10.4 cm、7.8 cm、6.5 cm、5.7 cm、4.2 cm 和 3.9 cm。经统计分析,各处理与 CK 的棉花幼苗主根长的差异性显著($p<0.05$)。

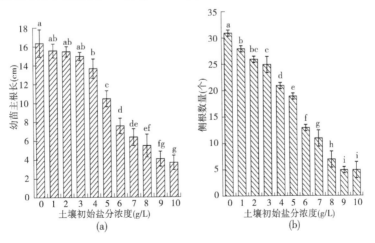

图 2-12　不同盐分浓度下的棉花幼苗主根长和侧根数量

　　盐分浓度高低均会对棉花幼苗侧根数量产生不同程度的影响,随着盐分浓度的增加,棉花幼苗侧根数量较 CK 的减少越明显。经统计分析,各处理与 CK 的棉花幼苗侧根数量的差异性显著($p<0.05$)。

　　图 2-13 是盐分浓度与棉花幼苗主根长和侧根数量的拟合关系。通过建立的拟合方程可知,盐分浓度与棉花幼苗主根长和侧根数量具有较高的相关性,相关系数均达到了 0.95 以上。

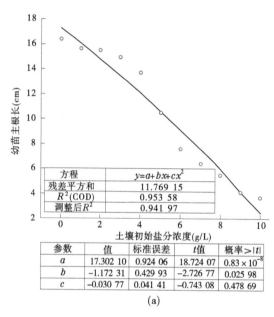

方程	$y=a+bx+cx^2$
残差平方和	11.769 15
R^2(COD)	0.953 58
调整后 R^2	0.941 97

参数	值	标准误差	t值	概率>|t|
a	17.302 10	0.924 06	18.724 07	0.83×10^{-8}
b	-1.172 31	0.429 93	-2.726 77	0.025 98
c	-0.030 77	0.041 41	-0.743 08	0.478 69

(a)

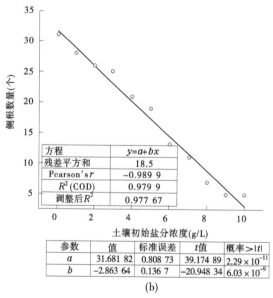

方程	$y=a+bx$
残差平方和	18.5
Pearson's r	-0.989 9
R^2(COD)	0.979 9
调整后 R^2	0.977 67

参数	值	标准误差	t值	概率>|t|
a	31.681 82	0.808 73	39.174 89	2.29×10^{-11}
b	-2.863 64	0.136 7	-20.948 34	6.03×10^{-9}

(b)

图 2-13　盐分浓度与棉花幼苗主根长和侧根数量的拟合关系

2.2.7 不同盐分浓度对棉花幼苗生物量的影响

图 2-14 是不同的盐分浓度条件下,测定的棉花幼苗地上部和地下部干重。由图 2-14 可看出,盐分浓度越高对棉花幼苗干物质积累影响越大。经统计分析,各处理与 CK 的棉花幼苗地上部干重的差异性显著($p<0.05$)。1 g/L 处理与 CK 的棉花幼苗地下部干重的差异性不显著($p>0.05$),其他处理与 CK 的棉花幼苗地下部干重的差异性显著($p<0.05$)。

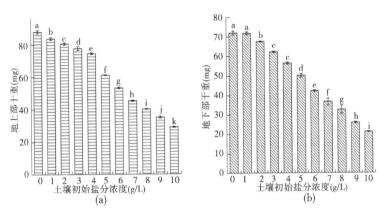

图 2-14 不同盐分浓度的棉花地上部和地下部干重

图 2-15 是盐分浓度与棉花幼苗地上部和地下部干重的拟合关系。通过建立的拟合方程可知,盐分浓度与棉花幼苗地上部和地下部干重具有较高的相关性,相关系数均达到了 0.97 以上。

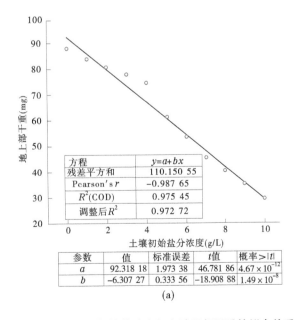

方程	$y=a+bx$
残差平方和	110.150 55
Pcarson's r	−0.987 65
R^2(COD)	0.975 45
调整后 R^2	0.972 72

参数	值	标准误差	t值	概率>$|t|$
a	92.318 18	1.973 38	46.781 86	4.67×10^{-12}
b	−6.307 27	0.333 56	−18.908 88	1.49×10^{-8}

(a)

图 2-15 盐分浓度与棉花地上部和地下部干重的拟合关系

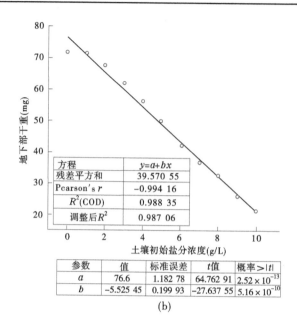

方程	$y=a+bx$
残差平方和	39.570 55
Pearson's r	−0.994 16
R^2(COD)	0.988 35
调整后R^2	0.987 06

参数	值	标准误差	t值	概率>$\|t\|$
a	76.6	1.182 78	64.762 91	2.52×10^{-13}
b	−5.525 45	0.199 93	−27.637 55	5.16×10^{-10}

(b)

续图 2-15

2.3　适宜冬春灌淋洗定额及土壤水分运移模拟

2.3.1　土壤排盐系数及淋洗定额计算

2.3.1.1　土壤排盐系数分析

排盐系数是计算土壤盐分淋洗定额的重要参数。通过室内土柱淋洗试验,根据式(2-1)计算出不同初始土壤盐分值 0.446%、0.588%、0.593%、0.779%、0.829%、1.039%和1.109%的排盐系数,如图2-16所示。由图2-16可知,在淋洗定额相同的条件下,初始土壤盐分值在淋洗后出现了较大幅度的降低,且初始土壤盐分值越高的处理,盐分淋洗效果越明显。质地相同的土壤类型,土壤盐渍化程度越高,土壤排盐系数越大。本试验结果表明,不同初始土壤盐分值所对应的沙壤土排盐系数依次为 16.7 kg/m³、23.1 kg/m³、23.7 kg/m³、33.1 kg/m³、35.3 kg/m³、46.4 kg/m³ 和47.3 kg/m³。因此,在农田土壤盐分淋洗定额计算时应充分考虑初始土壤盐分值和适宜的排盐系数。

2.3.1.2　土壤盐分淋洗定额的理论计算

根据确定的不同盐渍化程度沙壤土排盐系数,分别设置了 10 cm、20 cm、30 cm 淋洗深度要求和0.3%、0.2%、0.1%的土壤脱盐标准,通过式(2-2)～式(2-4)计算出达到某一淋洗深度的不同脱盐标准的理论淋洗定额(见表2-3)。由表2-3可知,当初始土壤盐分值一定时,随着脱盐标准的提高和土壤淋洗深度的增加,土壤盐分淋洗定额增大;当脱盐标准一定时,随着初始土壤盐分值的增加和淋洗深度的增大,土壤盐分淋洗定额也会增大。表2-3是通过公式计算出的在不同脱盐标准下的淋洗定额值,而理论计算值与实际灌溉是否相符还需要进一步的实测验证。

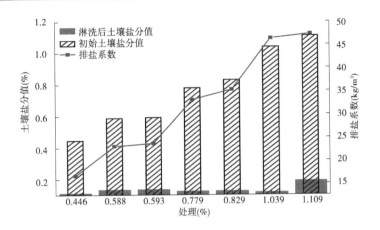

图 2-16　土壤排盐系数

表 2-3　盐分淋洗定额理论计算值

处理	盐分淋洗深度（cm）	盐分初始值（%）	淋洗定额（mm）		
			0.3%脱盐标准	0.2%脱盐标准	0.1%脱盐标准
M11	10	0.446	54.8	64.1	73.4
M12	20	0.446	109.5	128.2	146.9
M13	30	0.446	164.3	192.3	220.3
M21	10	0.588	60.6	67.3	74.1
M22	20	0.588	121.1	134.6	148.2
M23	30	0.588	181.7	202.0	222.2
M31	10	0.593	60.4	67.0	73.6
M32	20	0.593	120.8	134.0	147.1
M33	30	0.593	181.2	201.0	220.7
M41	10	0.779	63.7	68.4	73.1
M42	20	0.779	127.4	136.8	146.2
M43	30	0.779	191.1	205.2	219.4
M51	10	0.829	64.5	68.9	73.3
M52	20	0.829	129.0	137.8	146.7
M53	30	0.829	193.5	206.8	220.0
M61	10	1.039	66.0	69.3	72.7
M62	20	1.039	131.9	138.7	145.4
M63	30	1.039	197.9	208.0	218.1
M71	10	1.109	67.8	71.1	74.4
M72	20	1.109	135.6	142.2	148.8
M73	30	1.109	203.4	213.3	223.2

2.3.1.3 土壤实际脱盐值验证

将理论计算出脱盐标准值 0.3% 的土壤盐分淋洗定额(见表 2-3)通过室内土柱试验进行实测验证,通过验证判断实测值与理论计算值的差异。表 2-4 是理论计算出的淋洗定额在土柱试验内脱盐标准 0.3% 的实际土壤脱盐值及脱盐率。由表 2-4 可知,淋洗后不同处理的盐分淋洗效果较为明显,土壤盐分值较初始值均有不同程度的降低,土壤脱盐率随着淋洗深度的增加而增大。当初始土壤盐分值低于 0.6% 时,淋洗后实测的土壤盐分值低于脱盐标准(0.3%),说明理论淋洗定额能够满足土壤实际脱盐需要,淋洗定额适宜。当初始土壤盐分值高于 0.6% 时,淋洗后实测的土壤盐分值要大于脱盐标准 0.3%,理论淋洗定额对于土壤盐分的淋洗没有达到要求的脱盐标准值,淋洗定额偏小。说明在实际灌溉过程中,当土壤盐分值高于 0.6% 时,应适度提高淋洗定额,以满足土壤的实际脱盐要求。同时,造成实际淋洗后的脱盐值高于脱盐标准值的另一个原因则是土柱内的初始土壤含水率 $\theta_0 = 0$,灌入土柱中的一部分淋洗定额水量首先要满足湿润土壤消耗,当超过田间持水率后盐分才会随水分向下运移。

表 2-4　实际脱盐值及脱盐率

处理	盐分淋洗深度(cm)	脱盐标准值 s_2(%)	盐分初始值 s_0(%)	淋洗后盐分值 s_3(%)	淋洗差值 (s_2-s_3)(%)	脱盐率(%)
M11	10	0.3	0.446	0.276	0.024	38.12
M12	20	0.3	0.446	0.206	0.094	53.81
M13	30	0.3	0.446	0.194	0.106	56.50
M21	10	0.3	0.588	0.361	−0.061	38.61
M22	20	0.3	0.588	0.272	0.028	53.74
M23	30	0.3	0.588	0.252	0.048	57.14
M31	10	0.3	0.593	0.365	−0.065	38.45
M32	20	0.3	0.593	0.263	0.037	55.65
M33	30	0.3	0.593	0.216	0.084	63.58
M41	10	0.3	0.779	0.435	−0.135	44.16
M42	20	0.3	0.779	0.403	−0.103	48.27
M43	30	0.3	0.779	0.354	−0.054	54.56
M51	10	0.3	0.829	0.556	−0.256	32.93
M52	20	0.3	0.829	0.463	−0.163	44.15
M53	30	0.3	0.829	0.424	−0.124	48.85
M61	10	0.3	1.039	0.543	−0.243	47.74
M62	20	0.3	1.039	0.456	−0.156	56.11
M63	30	0.3	1.039	0.323	−0.023	68.96
M71	10	0.3	1.109	0.550	−0.250	50.41
M72	20	0.3	1.109	0.425	−0.125	61.68
M73	30	0.3	1.109	0.336	−0.036	69.70

2.3.2　土壤水分运移模拟

2.3.2.1　数学模型

1）土壤水分运动基本方程

在不考虑水的密度变化的情况下,非饱和土壤中水流在一维空间运动的基本方程为

$$\frac{\partial \theta}{\partial t} = \frac{\partial}{\partial z}\left(K \frac{\partial h}{\partial z}\right) + \frac{\partial K}{\partial z} - S \tag{2-6}$$

式中　K——垂直方向的土壤非饱和导水率,本书假定非饱和导水率的主轴方向与坐标轴的方向一致,cm/h;

　　　t——水流运动时间;

　　　z——水流方向坐标;

　　　θ——土壤体积含水率,L^3/L^3;

　　　h——土壤基质势,L;

　　　S——源汇项的速率。

2）土壤水力特性函数

土壤水力特性函数定量描述了 θ 与 h 的关系,是求解土壤水流运动方程的必要条件之一。本书采用 van Genuchten(1980 年)模型描述 θ 与 h 之间的函数关系,即

$$\theta(h) = \begin{cases} \theta_{res} + \dfrac{\theta_{sat} - \theta_{res}}{(1 + |\alpha h|^n)^m} & (h < 0) \\ \theta_{sat} & (h \geqslant 0) \end{cases} \tag{2-7}$$

采用 Mualem(1976 年)模型描述土壤非饱和导水率 K 与体积含水率 θ 之间的关系,即

$$K(\theta) = K_{sat} S_{eff}^{\lambda} \left[1 - (1 - S_{eff}^{1/m})^m \right]^2 \tag{2-8}$$

$$S_{eff} = \frac{\theta - \theta_{res}}{\theta_{sat} - \theta_{res}}, \quad m = 1 - \frac{1}{n} \tag{2-9}$$

式中　θ_{res}——残余体积含水率,L^3/L^3;

　　　θ_{sat}——饱和体积含水率,L^3/L^3;

　　　S_{eff}——有效饱和度,无量纲;

　　　α——土壤进气值的倒数,1/L;

　　　n——土壤孔隙直径分布的参数,无量纲;

　　　λ——土壤孔隙连结性的参数,无量纲。

本书根据 Mualem(1976 年)的建议,取 $\lambda = 0.5$。α、n、λ 为反映土壤水分特征曲线的形状参数。

根据比水容量的定义:

$$C(h) = \frac{\partial \theta}{\partial h} \tag{2-10}$$

对 h 进行求偏导可得比水容量的计算公式为

$$C(h) = \alpha m n |\alpha h|^{n-1} (1 + |\alpha h|^n)^{-1-m} (\theta_{sat} - \theta_{res}) \tag{2-11}$$

3）边界条件和初始条件

根据土柱试验的设定，地表覆盖，灌溉时上边界水流通量为灌溉水量，无灌溉时，上边界水流通量为 0。因此，上边界采用第二类边界条件进行描述，即

$$-K\left(\frac{\partial h}{\partial z} + 1\right)\Bigg|_{z=L} = q_0(t) \tag{2-12}$$

式中　$q_0(t)$——上边界的水流通量，L/T；

　　　L——土壤深度，L。

下边界为地下水位，为第一类边界条件，即

$$h(z,t)\big|_{z=L} = h_L(t) \tag{2-13}$$

式中　$h_L(t)$——下边界处地下水的压力水头，L。

初始条件为土壤剖面的体积含水率：

$$\theta(z,t) = \theta_0(z) \quad (t = t_0) \tag{2-14}$$

2.3.2.2　有限差分数值模型

1）土壤水分运移有限差分方程

以上描述土壤水流运动的基本方程具有非线性函数形式，虽然解析解或半解析解能够解决简单定解条件下的土壤水流运动，但对复杂定解条件下的问题却显得无能为力，只能借助于数值计算的方法。目前，常用的数值计算方法主要由两种：有限差分法和有限单元法。有限差分法的主要原理是以函数变量的差商来近似取代微商，将土壤水流运动的偏微分方程近似简化为差分方程，在对非线性函数进行线性化的基础上，生成直接用于求解的代数方程组。差分方法依据函数差商过程中采用的时段始末的不同，可形成不同的差分格式，包括显示差分、中心差分和隐式差分；而线性化方法可根据参数变量取平均值的差分，分为显示线性化法、显示外推法、线性外推法、显示预测法和迭代法等。

根据水量平衡原理，流入和流出土体单元体水量的代数和应等于该单元体储水量的变化值。当土壤水的密度不变时，水量平衡方程可以表示为

$$Q_{i-\frac{1}{2}} + Q_{i+\frac{1}{2}} + Q_{Si} = \frac{\Delta z_i}{\Delta t}\Delta\theta_i \tag{2-15}$$

式中　$Q_{i-\frac{1}{2}}$、$Q_{i+\frac{1}{2}}$——Δt 时间内流入土体单元体 i 的水量，L/T；

　　　Q_{Si}——土体单元体 i 的源、汇水量，L/T，由于土柱全封闭，不考虑源、汇水量的影响；

　　　$\Delta\theta_i$——Δt 时间内体积含水率的变化；

　　　Δz_i——计算单元体的厚度，L。

根据达西定律，从土体单元体 $i-1$ 流入到土壤单元体 i 的水流通量可表示为

$$Q_{i-\frac{1}{2}} = \frac{K_{i-\frac{1}{2}}}{\Delta z_{i-\frac{1}{2}}}(h_{i-1} - h_i) + K_{i-\frac{1}{2}} \tag{2-16}$$

$$K_{i-\frac{1}{2}} = \frac{K_{i-1} + K_i}{2}, \quad \Delta z_{i-\frac{1}{2}} = \frac{\Delta z_{i-1} + \Delta z_i}{2} \tag{2-17}$$

同样,从土体单元体 i-1 流入到土壤单元体 i 的水量计算公式为

$$Q_{i+\frac{1}{2}} = \frac{K_{i+\frac{1}{2}}}{\Delta z_{i+\frac{1}{2}}} (h_{i+1} - h_i) - K_{i+\frac{1}{2}} \tag{2-18}$$

$$K_{i+\frac{1}{2}} = \frac{K_{i+1} + K_i}{2}, \quad \Delta z_{i+\frac{1}{2}} = \frac{\Delta z_{i+1} + \Delta z_i}{2} \tag{2-19}$$

结合式(2-15)~式(2-18)可得到土壤水流运动的有限差分方程为

$$\frac{K_{i-\frac{1}{2}}}{\Delta z_{i-\frac{1}{2}}} (h_{i-1} - h_i) + K_{i-\frac{1}{2}} + \frac{K_{i+\frac{1}{2}}}{\Delta z_{i+\frac{1}{2}}} (h_{i+1} - h_i) - K_{i+\frac{1}{2}} + Q_{Si} = \frac{\Delta z_i}{\Delta t} \Delta \theta_i \tag{2-20}$$

从式(2-7)、式(2-8)和式(2-11)可以看出,土壤体积含水率与土壤水势之间、土壤非饱和导水率与土壤体积含水率之间,以及土壤比水容量与土壤水势和土壤体积含水率之间均具有强烈的非线性关系。相关研究表明,这种非线性关系对式(2-20)解的收敛性和稳定性具有较大的影响,因此,需要将式(2-20)重写为隐式差分方程,采用迭代法来进行求解,隐式差分方程具有无条件稳定收敛的特点。隐格式的土壤水流运动有限差分方程如下:

$$\frac{K_{i-\frac{1}{2}}^{p+1}}{\Delta z_{i-\frac{1}{2}}} (h_{i-1}^{p+1} - h_i^{p+1}) + K_{i-\frac{1}{2}}^{p+1} + \frac{K_{i+\frac{1}{2}}^{p+1}}{\Delta z_{i+\frac{1}{2}}} (h_{i+1}^{p+1} - h_i^{p+1}) - K_{i+\frac{1}{2}}^{p+1} + Q_{Si} = \frac{\Delta z_i}{\Delta t} (\theta_i^{p+1} - \theta_i^p)$$

$$\tag{2-21}$$

其迭代求解格式为

$$\frac{K_{i-\frac{1}{2}}^{p+1,m}}{\Delta z_{i-\frac{1}{2}}} (h_{i-1}^{p+1,m+1} - h_i^{p+1,m+1}) + K_{i-\frac{1}{2}}^{p+1,m} + \frac{K_{i+\frac{1}{2}}^{p+1,m}}{\Delta z_{i+\frac{1}{2}}} (h_{i+1}^{p+1,m+1} - h_i^{p+1,m+1}) - K_{i+\frac{1}{2}}^{p+1,m} + Q_{Si} =$$

$$\frac{\Delta z_i}{\Delta t} (\theta_i^{p+1,m+1} - \theta_i^p) \tag{2-22}$$

根据 Celia 等的研究结果,将式(2-22)右端项中的 $\theta_i^{p+1,m+1}$ 进行泰勒级数展开所得到的方程具有稳定、收敛快和质量守恒的特点,结合式(2-10),可得如下公式:

$$\theta_i^{p+1,m+1} - \theta_i^p = \theta_i^{p+1,m+1} - \theta_i^{p+1,m} + \theta_i^{p+1,m} - \theta_i^p = C_i^{p+1,m} (h_i^{p+1,m+1} - h_i^{p+1,m}) + \theta_i^{p+1,m} - \theta_i^p$$

$$\tag{2-23}$$

因此,土壤水流运动隐式迭代格式 h 和 θ 混合型的有限差分方程为

$$\frac{K_{i-\frac{1}{2}}^{p+1,m}}{\Delta z_{i-\frac{1}{2}}} (h_{i-1}^{p+1,m+1} - h_i^{p+1,m+1}) + K_{i-\frac{1}{2}}^{p+1,m} + \frac{K_{i+\frac{1}{2}}^{p+1,m}}{\Delta z_{i+\frac{1}{2}}} (h_{i+1}^{p+1,m+1} - h_i^{p+1,m+1}) - K_{i+\frac{1}{2}}^{p+1,m} + Q_{Si} =$$

$$\frac{\Delta z_i}{\Delta t} (\theta_i^{p+1,m} - \theta_i^p) + \frac{\Delta z_i}{\Delta t} C_i^{p+1,m} (h_i^{p+1,m+1} - h_i^{p+1,m}) \tag{2-24}$$

对于土壤内部单元体的水流运动,可采用式(2-24)描述。

对于上边界处土壤单元体的水流运动,本书研究设定为第二类边界条件,已知水流通量,其公式如下:

$$Q_{\text{Top}} + \frac{K_{i+\frac{1}{2}}^{p+1,m}}{\Delta z_{i+\frac{1}{2}}}(h_{i+1}^{p+1,m+1} - h_i^{p+1,m+1}) - K_{i+\frac{1}{2}}^{p+1,m} + Q_{Si} =$$

$$\frac{\Delta z_i}{\Delta t}(\theta_i^{p+1,m} - \theta_i^p) + \frac{\Delta z_i}{\Delta t}C_i^{p+1,m}(h_i^{p+1,m+1} - h_i^{p+1,m}) \qquad (2\text{-}25)$$

对于下边界处土壤单元体的水流运动,本书研究设定为第一类边界条件,已知土壤水势,其公式如下:

$$\frac{K_{i-\frac{1}{2}}^{p+1,m}}{\Delta z_{i-\frac{1}{2}}}(h_{i-1}^{p+1,m+1} - h_i^{p+1,m+1}) + K_{i-\frac{1}{2}}^{p+1,m} + \frac{K_{i+\frac{1}{2}}^{p+1,m}}{\Delta z_{i+\frac{1}{2}}}(h_{\text{Top}} - h_i^{p+1,m+1}) - K_{i+\frac{1}{2}}^{p+1,m} + Q_{Si} =$$

$$\frac{\Delta z_i}{\Delta t}(\theta_i^{p+1,m} - \theta_i^p) + \frac{\Delta z_i}{\Delta t}C_i^{p+1,m}(h_i^{p+1,m+1} - h_i^{p+1,m}) \qquad (2\text{-}26)$$

2)有限差分方程的求解

为便于求解,将式(2-24)改写为

$$\frac{K_{i-\frac{1}{2}}^{p+1,m}}{\Delta z_{i-\frac{1}{2}}}h_{i-1}^{p+1,m+1} + \left(-\frac{K_{i-\frac{1}{2}}^{p+1,m}}{\Delta z_{i-\frac{1}{2}}} - \frac{K_{i+\frac{1}{2}}^{p+1,m}}{\Delta z_{i+\frac{1}{2}}} - \frac{\Delta z_i}{\Delta t}C_i^{p+1,m}\right)h_i^{p+1,m+1} + \frac{K_{i+\frac{1}{2}}^{p+1,m}}{\Delta z_{i+\frac{1}{2}}}h_{i+1}^{p+1,m+1} =$$

$$\frac{\Delta z_i}{\Delta t}(\theta_i^{p+1,m} - \theta_i^p) + \frac{\Delta z_i}{\Delta t}(h_i^{p+1,m+1} - h_i^{p+1,m})C_i^{p+1,m} - K_{i-\frac{1}{2}}^{p+1,m} + K_{i+\frac{1}{2}}^{p+1,m} - Q_{Si} \qquad (2\text{-}27)$$

令 $\alpha_i = \dfrac{K_{i-\frac{1}{2}}^{p+1,m}}{\Delta z_{i-\frac{1}{2}}}$,$\beta_i = -\dfrac{K_{i-\frac{1}{2}}^{p+1,m}}{\Delta z_{i-\frac{1}{2}}} - \dfrac{K_{i+\frac{1}{2}}^{p+1,m}}{\Delta z_{i+\frac{1}{2}}} - \dfrac{\Delta z_i}{\Delta t}C_i^{p+1,m}$,$\gamma_i = \dfrac{K_{i+\frac{1}{2}}^{p+1,m}}{\Delta z_{i+\frac{1}{2}}}$,$r_i = \dfrac{\Delta z_i}{\Delta t}(\theta_i^{p+1,m} - \theta_i^p) +$

$\dfrac{\Delta z_i}{\Delta t}(h_i^{p+1,m+1} - h_i^{p+1,m})C_i^{p+1,m} - K_{i-\frac{1}{2}}^{p+1,m} + K_{i+\frac{1}{2}}^{p+1,m} - Q_{Si}$,可得如下方程:

$$\alpha_i h_{i-1}^{p+1,m+1} + \beta_i h_i^{p+1,m+1} + \gamma_i h_{i+1}^{p+1,m+1} = r_i \qquad (2\text{-}28)$$

对每一个土壤单元体均可构建上述方程,形成如下三对角线性方程组:

$$\begin{bmatrix} \alpha_1 & \beta_1 & \gamma_1 & & & & \\ \alpha_2 & \beta_2 & \gamma_2 & & & & \\ & \alpha_3 & \beta_3 & \gamma_3 & & & \\ & & \cdots & \cdots & \cdots & & \\ & & & \cdots & \cdots & \cdots & \\ & & & & \alpha_{N-2} & \beta_{N-2} & \lambda_{N-2} \\ & & & & & \alpha_{N-1} & \beta_{N-1} & \lambda_{N-1} \\ & & & & & & \alpha_N & \beta_N & \lambda_N \end{bmatrix} \begin{bmatrix} h_1 \\ h_2 \\ h_3 \\ \vdots \\ \vdots \\ h_{N-2} \\ h_{N-1} \\ h_N \end{bmatrix} = \begin{bmatrix} r_1 \\ r_2 \\ r_3 \\ \vdots \\ \vdots \\ r_{N-2} \\ r_{N-1} \\ r_N \end{bmatrix} \qquad (2\text{-}29)$$

采用 Thomas 算法求解上述三对角线性方程组,可得到土壤剖面各单元体的土壤水势,其相应的体积含水率可通过土壤水力特性函数计算得出。

根据上述公式建立了模拟土壤水分运移的有限差分数值模型,并采用 fortran 语言编程实现了该数值模型,其计算流程如图 2-17 所示。

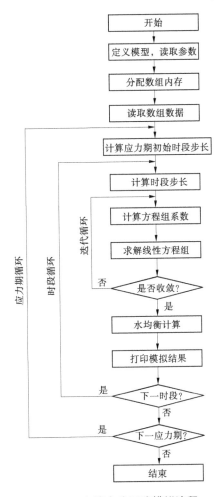

图 2-17　土壤水分运移模拟流程

2.3.2.3　模型验证

采用上述构建的土壤水分运移有限差分数值模型模拟试验土柱的土壤含水率变化过程,并与实测数据进行对比。由实验室数据拟合 van Genuchten 和 Mualem 函数确定土柱的土壤水力学特性参数: $\theta_{res} = 0.06 \ cm^3/cm^3$, $\theta_{sat} = 0.4 \ cm^3/cm^3$, $K_{sat} = 3.51 \ cm/h$, $\alpha = 0.086$, $n = 1.74$, $\lambda = 0.5$。

图 2-18 为无地下水位埋深情况下土柱不同深度土壤含水率的模拟值与观测值的变化过程。图 2-19 为地下水位埋深 1.5 m 时土柱不同深度土壤含水率的模拟值与观测值的变化过程。从图 2-18、图 2-19 中可以看出,模拟的土壤水分变化过程与观测值接近,这

表明本书所构建的土壤水分运移有限差分数值模型能够用于模拟室内土柱的土壤水分动态变化过程。

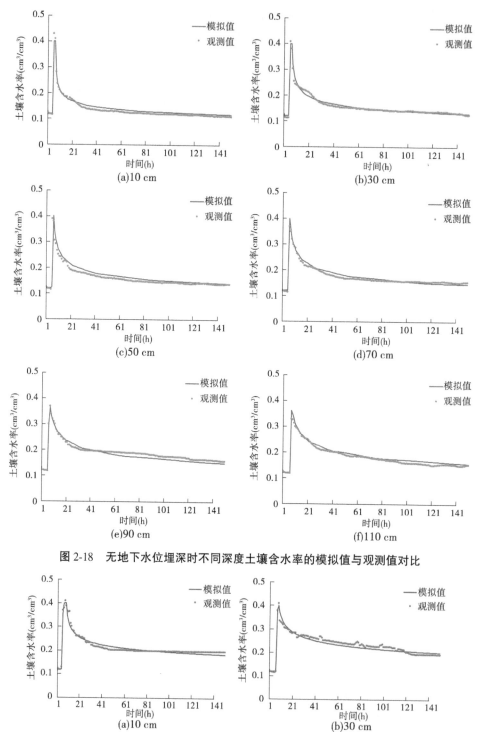

图 2-18　无地下水位埋深时不同深度土壤含水率的模拟值与观测值对比

图 2-19　地下水位埋深 1.5 m 时不同深度土壤含水率的模拟值与观测值对比

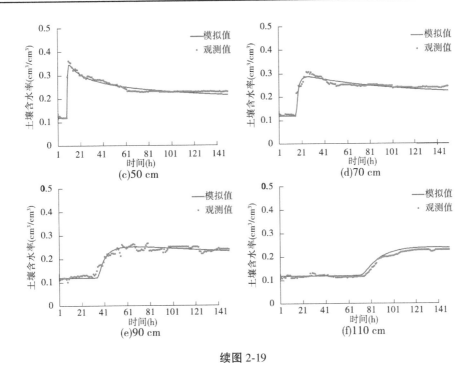

续图 2-19

2.3.2.4　模型应用

为了揭示不同地下水位埋深和灌水量情景下土壤水分动态变化过程,设置 7 个地下水位埋深(1.0 m、1.5 m、2.0 m、2.5 m、3.0 m、3.5 m、4.0 m)和 7 个淋洗灌水定额(120 mm、150 mm、180 mm、210 mm、240 mm、270 mm、300mm),采用模型对上述 49 种情景的土壤水分动态变化进行了模拟。

图 2-20 ~ 图 2-26 分别显示了设定的地下水位埋深为 1.0 m、1.5 m、2.0 m、2.5 m、3.0 m、3.5 m 和 4.0 m 条件下,采用模型预测的不同灌水量的土壤剖面含水率在第 24 小时、第 48 小时、第 72 小时和第 96 小时的分布情况。从图中可以看出,当地下水位埋深为 1.0 m 时,由于潜水蒸发对土壤水的强烈影响,不同灌水量的土壤体积含水率差异并不明显。

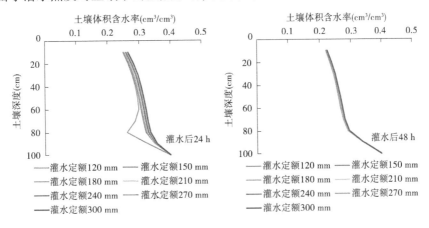

图 2-20　地下水位埋深 1.0 m 时不同灌水定额土壤剖面体积含水率分布

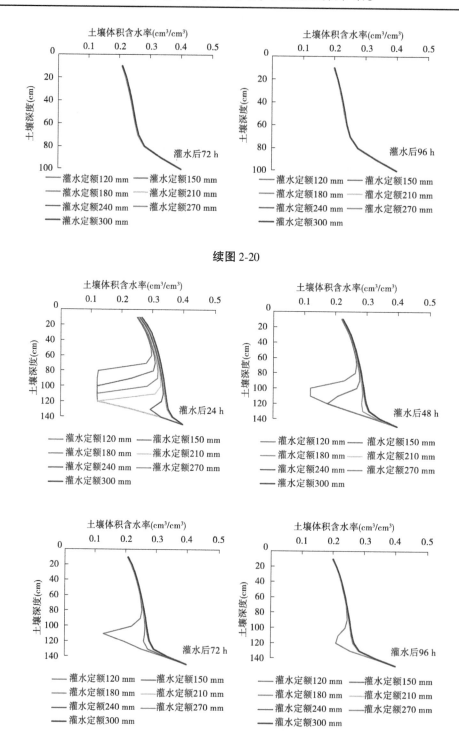

续图 2-20

图 2-21　地下水位埋深 1.5 m 时不同灌水定额土壤剖面体积含水率分布

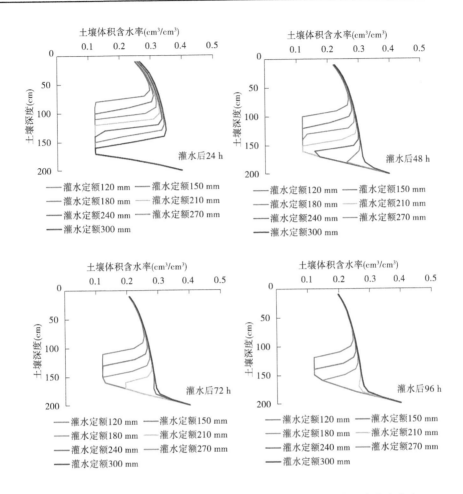

图 2-22　地下水位埋深 2.0 m 时不同灌水定额土壤剖面体积含水率分布

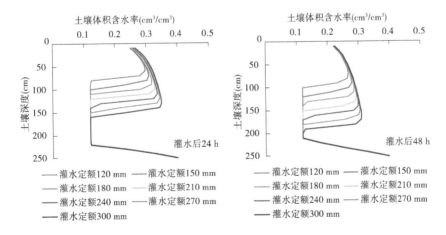

图 2-23　地下水位埋深 2.5 m 时不同灌水定额土壤剖面体积含水率分布

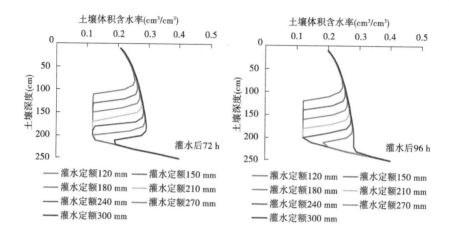

续图 2-23

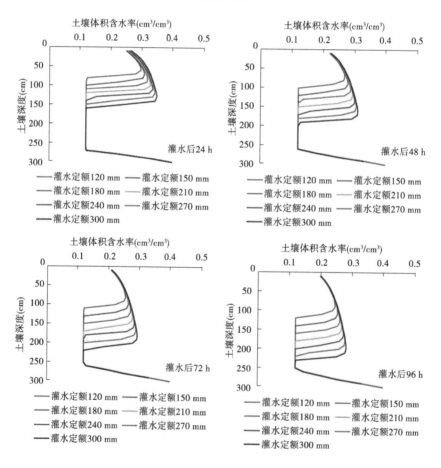

图 2-24 地下水位埋深 3.0 m 时不同灌水定额土壤剖面体积含水率分布

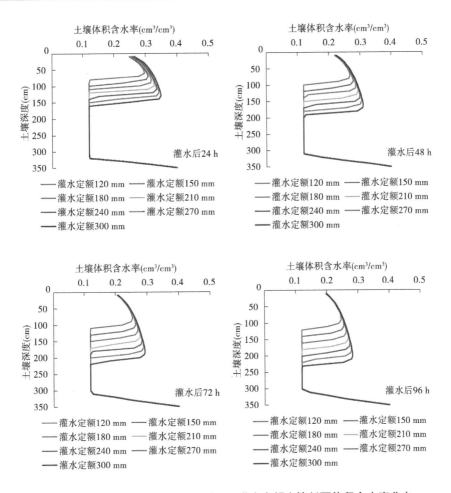

图 2-25　地下水位埋深 3.5 m 时不同灌水定额土壤剖面体积含水率分布

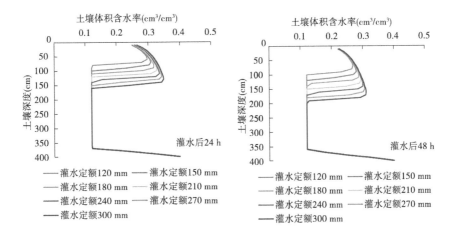

图 2-26　地下水位埋深 4.0 m 时不同灌水定额土壤剖面体积含水率分布

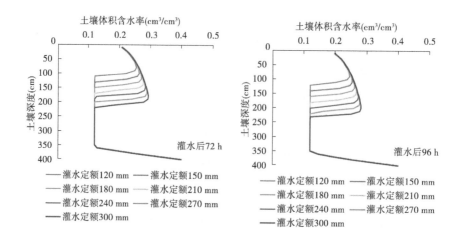

续图 2-26

当地下水位埋深超过 2.0 m 时,潜水对土壤水的影响逐渐变大。此外,不同灌水量的土壤含水率剖面分布也表现出较大的差异,特别是在灌水后第 24 小时和第 48 小时。当地下水位埋深超过 3.0 m 时,随着灌水量的增大,水分入渗的深度越大,剖面土壤含水率越高。由于地下水位埋深较大,潜水蒸发对上层土壤水分运移影响较小。

从表 2-5 中可看出,随着地下水位埋深的减小,地下水与土壤水之间的交换作用逐渐加强。当地下水埋深在 1.0~1.5 m 时,随着灌水量的增加,对地下水的补给较为明显;当地下水位埋深为 2.0 m 时,随着灌水量的增加,土壤水分与地下水之间的交换作用由潜水蒸发逐渐向深层渗漏转换,当灌水量为 240 mm 时,土壤水分与地下水之间的交换水量为 0;当地下水位埋深大于 2.5 m 时,由于土壤具有较大的蓄存库容,灌溉水没有对地下水产生渗漏,土壤水与地下水之间的交换作用表现为潜水蒸发,随着土壤深度的增加潜水蒸发减小;当地下水位埋深大于 2.5 m 时,不同灌水量的潜水蒸发量相同。通过上述分析可知,当地下水位埋深小于 1 m 时,应控制棉田灌水量小于 120 mm;当地下水位埋深在 1.5 m 时,应控制棉田灌水量小于 150 mm;当地下水位埋深在 2 m 时,应控制棉田灌水量低于 210 mm。当地下水位埋深超过 3.0 m 时,模拟的灌水量没有对地下水进行有效的补充。

表 2-5　不同灌水量和不同地下水位埋深与土壤水分的累积交换量　　（单位:mm）

灌水量	地下水位埋深（m）						
（mm）	1.0	1.5	2.0	2.5	3.0	3.5	4.0
120	5.4	−5.13	−61.1	−61.1	−61.1	−61.1	−61.1
150	35.3	−2.29	−61.1	−61.1	−61.1	−61.1	−61.1
180	65.1	6.8	−56.5	−61.1	−61.1	−61.1	−61.1
210	94.9	36.5	−29.5	−61.1	−61.1	−61.1	−61.1
240	124.6	66.2	0	−60.9	−61.1	−61.1	−61.1
270	154.5	95.9	29.6	−42.2	−61.1	−61.1	−61.1
300	184.3	125.5	59.1	−13.0	−61.1	−61.1	−61.1

注:正数表示深层渗漏,负数表示潜水蒸发。

第 3 章　冬春灌对棉田休作期土壤水盐动态的影响

本章主要开展了不同冬春灌模式对棉田休作期土壤水盐动态的影响方面的研究工作,分析了不同冬春灌处理后土壤水盐在时间和空间剖面上的动态变化过程,研究成果可为制定南疆棉田适宜的冬春灌模式及淋洗定额提供理论依据。主要结论如下:

(1)在棉田冬春全灌处理中,冬灌对表层、中层土壤盐分淋洗作用明显,0~40 cm 较快形成低盐区,但对下层盐分的淋洗效果相对较差,随着表层盐分不断向下运移,60~80 cm 形成了盐分高值区。冬灌定额越高,盐分淋洗效果越好。次年,随着地温的逐步回升,60~80 cm 土壤盐分出现增大趋势,形成返盐区,但向上层扩散的趋势不明显,0~40 cm 土层受返盐影响较小。棉田春灌后,土壤盐分淋洗不明显,0~40 cm 土壤盐分略有降低,而40~80 cm 土壤盐分没有明显的淋洗减小,变化不大。

(2)在棉田冬灌后,各处理对表层土壤盐分的淋洗效果较好,降低明显。中、下层土壤随着冬灌定额的增大盐分淋洗效果明显增强。但随着时间的推移,低定额处理的土壤盐分向下淋洗深度可达 60 cm,中定额和高定额处理的淋洗深度能够达到 80 cm 以下。随着地温的回升,低定额处理的各层土壤返盐程度随着土层深度的增加而增大,而中定额和高定额处理仅在土壤中层出现明显的返盐现象,表层和下层土壤返盐相对较小。

(3)棉田春灌处理,由于没有冬灌淋洗,各处理土壤盐分没有明显的减少趋势。但在次年,随着地温升高,各处理土壤出现返盐,0~40 cm 土壤盐分含量明显低于 40~80 cm。这是由于在棉花生育期内,滴灌对土壤盐分的淋洗作用,到棉花生育期结束后,土壤盐分可运移至 40 cm 以下。棉田春灌后,各处理土壤盐分降低,盐分向下累积,40 cm 以下土壤盐分略有升高,春灌定额越高,盐分淋洗越明显,同时,能够保证土壤有较高的墒情。

由上述分析可知,棉田冬灌处理对于土壤盐分的淋洗效果要明显优于棉田冬春全灌,而棉田春灌在对盐分起到必要淋洗作用的同时,能够保证土壤储备较高的墒情。

3.1　试验基本情况

3.1.1　试验区基本资料

本试验的田间试验在位于新疆生产建设兵团第一师阿拉尔市水利局十团的灌溉试验站(81°17′56.52″E,40°32′36.90″N)内进行。试验区属暖温带极端大陆性干旱荒漠气候,年降水量在 50 mm 左右,年蒸发量在 2 000 mm 左右,相对湿度 47%~60%。年大风日数4.1~15.1 d,风速 1.3~2.4 m/s,全年≥10 ℃积温在 3 450~4 432 ℃,无霜期 180~221 d,干旱指数为 7~20,最大冻土深度为 78 cm。土壤质地为沙壤土,土壤平均容重为 1.58 g/cm³,土壤透气性良好,0~80 cm 田间持水率为 23.8%(质量含水率),土壤电导率值

1 953 μs/cm,地下水位埋深在 3 m 以下。土壤容重及颗粒组成同表 2-1。

3.1.2 试验设计

有底测坑规格为 3 m×2.2 m×3 m(长×宽×深),下部设有观测廊道(见图 3-1)。测坑试验区采用井水灌溉,井深 140 m 左右,井水矿化度为 0.57 g/L。共设置了冬灌、春灌和冬春全灌 3 种灌溉模式,每种模式设置 3 个淋洗定额,共计 9 个处理,每个处理 3 次重复,共 27 个小区,随机区组布置。2017 年播种前测坑 0~80 cm 初始土壤电导率均值为 2 346.2 μs/cm,2018 年播种前测坑 0~80 cm 初始土壤电导率均值为 1 559.7 μs/cm。2016~2017 年棉田冬春灌时间分别是 2016 年 11 月 20 日冬灌,2017 年 3 月 20 日春灌,4 月 2 日播种;2017~2018 年棉田冬春灌时间是 2017 年 12 月 6 日冬灌,2018 年 4 月 12 日春灌,4 月 17 日播种。冬春灌具体的灌溉试验方案见表 3-1。

图 3-1 棉花测坑试验

表 3-1 棉田休作期冬春灌模式及淋洗定额 （单位:m³/667m²)

灌水组合	灌水处理	冬灌水量	春灌水量	灌水量合计
冬春全灌	T11	40	40	80
	T12	60	60	120
	T13	80	80	160
冬灌	T21	80	0	80
	T22	120	0	120
	T23	160	0	160
春灌	T31	0	80	80
	T32	0	120	120
	T33	0	160	160

3.1.3 测定内容

土壤含水率、土壤温度及土壤盐分测定采用土壤水温盐自动监测系统(水温自动监测系统为 EM50 5TE,记录频次为 1 次/h)监测,埋设深度为 10 cm、20 cm、40 cm、60 cm 及

80 cm。通过取土烘干法校核仪器水分,并将烘干土样粉碎,称取过 2 mm 筛的土样 20 g 置于三角瓶中,加入 100 mL 蒸馏水,将三角瓶振荡 10 min,静置 15 min 后过滤,制成水土质量比为 5:1 的浸提液,用 DDB-303A 型便携式电导率仪测定浸提液电导率 EC5:1,校核仪器盐分。

3.2　冬春灌对棉田休作期土壤水分动态变化的影响

3.2.1　冬春全灌棉田休作期土壤水分动态变化

3.2.1.1　土壤水分随时间的变化

不同冬春全灌淋洗定额条件下,即 T11、T12、T13 处理的休作期棉田表层(0~20 cm)、中层(20~40 cm)和下层(40~80 cm)土壤水分随时间的动态变化如图 3-2 所示。

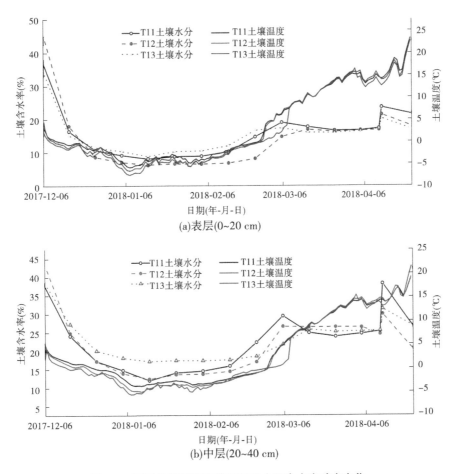

图 3-2　不同冬春灌处理棉田不同土层含水率动态变化

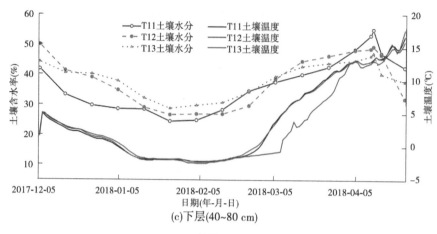

(c)下层(40~80 cm)

续图3-2

由图3-2可知,棉田冬灌后,T11、T12、T13处理的表层、中层土壤水分降低明显,而下层土壤水分降低幅度较小。至次年1月中旬左右,各层的土壤水分均降至最低值。2月下旬后,随着地温的缓慢回升,土壤出现"返墒"现象,表层和中层土壤水分达到高值后开始小幅度回落,在春灌前保持相对稳定的变化,下层土壤水分呈现持续增加趋势,到春灌前没有出现明显的降低。在棉田春灌后,表、中、下层土壤水分补给作用不明显,增加幅度较小,灌后土壤水分出现小幅降低。为了确保棉花播种前土壤墒情,防止表层土壤水分蒸发损失,春灌后应及时对棉田进行深耕并播种,减少裸地晾晒时间。

3.2.1.2　土壤水分在垂直剖面上的变化

不同冬春全灌淋洗定额条件下,即T11、T12、T13处理的休作期棉田土壤水分在0~80 cm垂直剖面上的动态变化如图3-3所示。

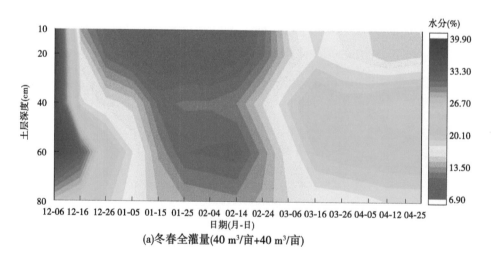

(a)冬春全灌量(40 m³/亩+40 m³/亩)

图3-3　不同冬春灌处理棉田土壤水分垂直变化

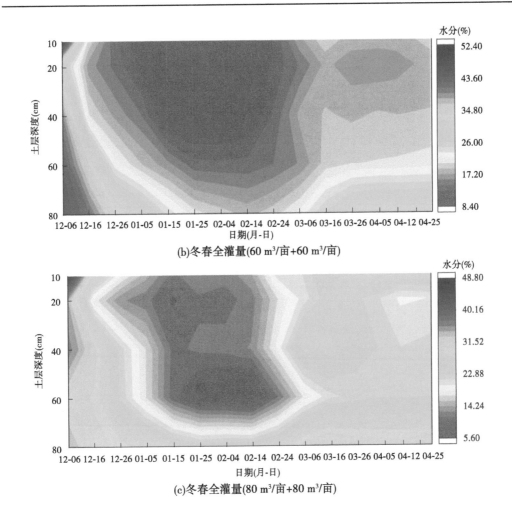

(b)冬春全灌量(60 m³/亩+60 m³/亩)

(c)冬春全灌量(80 m³/亩+80 m³/亩)

续图 3-3

　　由图 3-3 可知,棉田冬灌后,0~80 cm 土层的土壤水分增加明显,60~80 cm 土层出现水分较高的"湿润区"。表层 0~20 cm 土壤水分下降较快,短期内形成明显的"干燥区",并不断向下层延伸。在 12 月中旬,0~40 cm 土层形成了稳定的"干燥区",到次年 2 月中旬,干燥区没有进一步扩大。2 月下旬,60~80 cm 土壤水分开始出现增大趋势,并逐渐向上部缓慢运移,"干燥区"范围开始缩小至 0~20 cm 土层。棉田春灌后,0~80 cm 土壤水分得到补给后有所增加,T12、T13 处理对下层土壤水分的补给较 T11 处理明显,随后表层土壤水分开始逐渐降低。

3.2.2　冬灌棉田休作期土壤水分动态变化

3.2.2.1　土壤水分随时间的变化

　　不同冬灌淋洗定额条件下,即 T21、T22、T23 处理的休作期棉田表层(0~20 cm)、中层(20~40 cm)和下层(40~80 cm)土壤水分随时间的动态变化如图 3-4 所示。

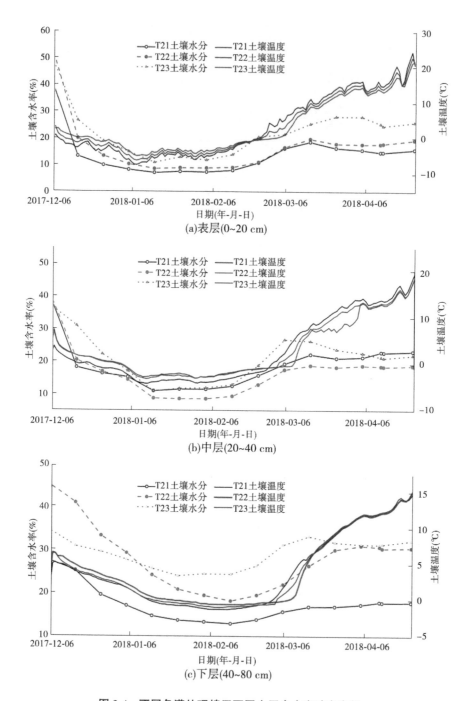

(a)表层(0~20 cm)

(b)中层(20~40 cm)

(c)下层(40~80 cm)

图 3-4　不同冬灌处理棉田不同土层含水率动态变化

由图 3-4 可知,棉田冬灌后,T21、T22、T23 处理的表层土壤水分降低明显,而中层、下层土壤水分降低幅度较小。不同处理的表层、中层土壤水分在 1 月中旬左右降到最低值,而下层土壤水分最低水分值出现在 2 月初,较上部稍有滞后。随着地温回升,土壤开始解冻,各层的土壤水分开始逐渐增大,中层、下层土壤水分"返墒"较表层明显。T23 处理的各层土壤水分"返墒"至较大值后出现小幅度降低,而 T21、T22 处理达到较高"返墒"值后减小趋势不明显。冬灌定额越大,土壤"返墒"越明显,提高了表层土壤水分含量,较为有利于后期的棉花播种。

3.2.2.2　土壤水分在垂直剖面上的变化

不同冬灌淋洗定额条件下,即 T21、T22、T23 处理的休作期棉田土壤水分在 0~80 cm 垂直剖面上的动态变化如图 3-5 所示。

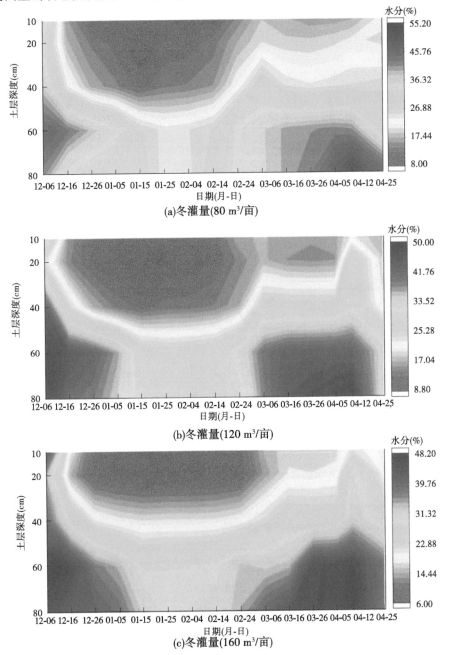

图 3-5　不同冬灌处理棉田土壤水分垂直变化

由图 3-5 可知,棉田冬灌后,T21、T22 和 T23 处理的 0~80 cm 土壤水分增加明显,40~80 cm 形成了水分含量较高的"湿润区",随后水分开始降低。T21、T22 处理在 12 月中旬开始形成水分"干燥区",且干燥区域不断扩大,至 2 月上旬,干燥区可以达到 80 cm 深度。T23 处理的水分"干燥区"范围相对较小,影响深度在 60 cm 左右。2 月中旬,下层土壤水分开始逐渐增加,水分向上运动,各处理的"干燥区"范围开始缩小,并缓慢消失,0~80 cm 土壤水分含量显著升高。T23 处理的 0~20 cm 土壤水分要明显高于 T21、T22 处理,土壤水分高对保证棉花播种墒情较为有利。

3.2.3　春灌棉田休作期土壤水分动态变化

3.2.3.1　土壤水分随时间的变化

不同春灌淋洗定额条件下,即 T31、T32、T33 处理的休作期棉田表层(0~20 cm)、中层(20~40 cm)和下层(40~80 cm)土壤水分随时间的动态变化如图 3-6 所示。

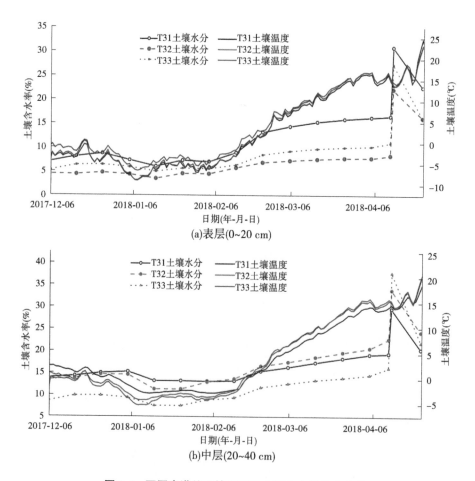

图 3-6　不同春灌处理棉田不同土层含水率动态变化

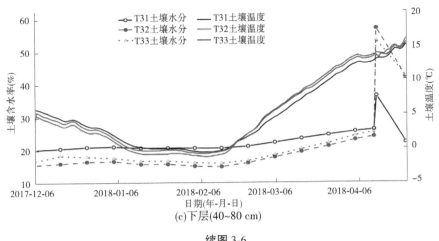

(c)下层(40~80 cm)

续图 3-6

由图 3-6 可知,在棉田春灌前,由于没有有效灌溉,T31、T32、T33 处理的各层土壤水分都较低,变化相对稳定。在棉田整个休作期,各处理表、中、下层土壤没有出现明显的返墒现象。棉田春灌后,各层土壤水分明显变大,且灌溉定额越高,土壤水分补给量越大。春灌之后,土壤水分均开始快速降低,因此春灌后应采用有效的保墒措施,防止土壤快速失墒。

3.2.3.2 土壤水分在垂直剖面上的变化

不同春灌淋洗定额条件下,即 T31、T32、T33 处理的休作期棉田土壤水分在 0~80 cm 垂直剖面上的动态变化如图 3-7 所示。

由图 3-7 可知,棉花收获期后,土壤水分没有得到有效补给,T31、T32、T33 处理的 0~80 cm 剖面土壤水分含量较低,"干燥区"范围较大,水分长时间处于低墒条件下,并持续到春灌前。在整个棉田休作期,地温对土壤水分的影响较小,当地温升高时,土壤没有发生明显的返墒现象。棉田春灌后,"干燥区"快速消失,0~80 cm 土壤水分增加较大,土壤储墒明显。

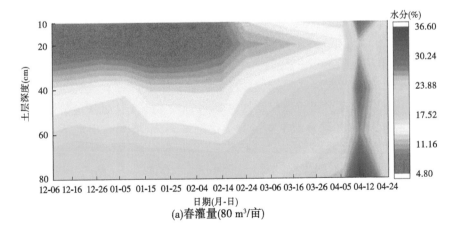

(a)春灌量(80 m³/亩)

图 3-7 不同春灌处理棉田土壤水分垂直变化

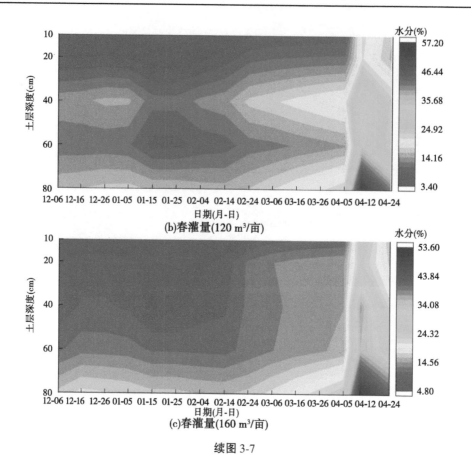

(b)春灌量(120 m³/亩)

(c)春灌量(160 m³/亩)

续图 3-7

3.3　冬春灌对棉田休作期土壤盐分动态变化的影响

3.3.1　冬春全灌棉田休作期土壤盐分动态变化

3.3.1.1　土壤盐分随时间的变化

不同冬春全灌淋洗定额条件下,即 T11、T12、T13 处理休作期棉田表层(0～20 cm)、中层(20～40 cm)和下层(40～80 cm)土壤盐分随时间动态变化如图 3-8 所示。

由图 3-8 可知,冬灌对表层、中层土壤盐分淋洗作用明显,对下层盐分的淋洗效果相对较差。冬灌定额越高,盐分淋洗效果越好,T13 处理较 T11、T12 处理盐分降低明显。到 2 月下旬,地温回升,不同处理各层土壤盐分值逐渐增大,土壤开始出现不同程度的返盐现象,T11 处理的返盐程度要高于 T12、T13 处理。棉田春灌后,T11、T12、T13 处理的棉田土壤盐分较冬灌降低趋势不明显,盐分降低较小,因此春灌对于盐分的淋洗效果要劣于冬灌。

3.3.1.2　土壤盐分在垂直剖面上的变化

不同冬春全灌淋洗定额条件下,即 T11、T12、T13 处理的休作期棉田土壤盐分在 0～80 cm 垂直剖面上的动态变化如图 3-9 所示。

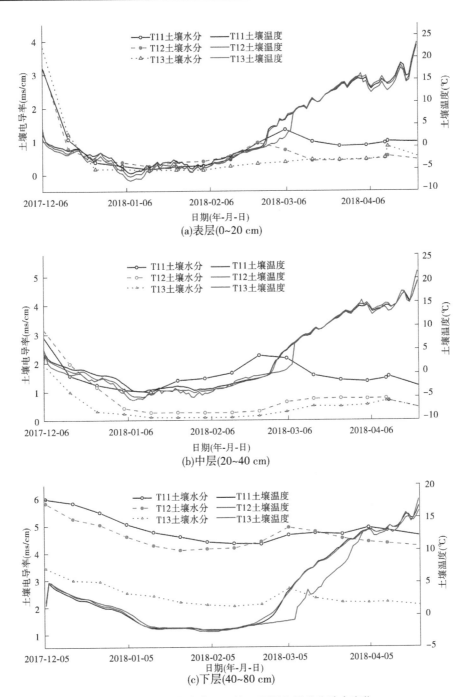

图 3-8　不同冬春灌处理棉田不同土层盐分动态变化

由图 3-9 可知,棉田冬灌后,表层土壤盐分降低明显,T11、T12、T13 处理在 0~40 cm 较快,形成低盐区。随着盐分不断向下运移,60~80 cm 形成了盐分的高值区。2 月中旬后,各处理 60~80 cm 土壤盐分出现增大趋势,形成返盐区,但范围相对稳定,向上层扩散的趋势不明显,0~40 cm 土层受返盐影响较小。棉田春灌后,0~40 cm 土壤盐分略有降

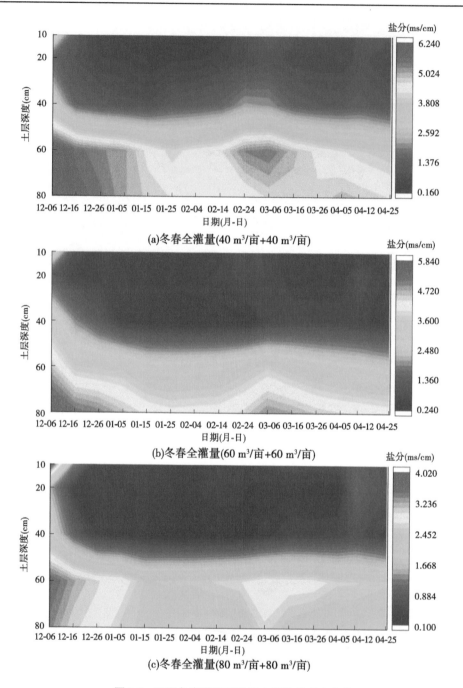

(a)冬春全灌量(40 m³/亩+40 m³/亩)

(b)冬春全灌量(60 m³/亩+60 m³/亩)

(c)冬春全灌量(80 m³/亩+80 m³/亩)

图3-9　不同冬春灌处理棉田土壤盐分垂直变化

低,但降幅不大,而40~80 cm土壤盐分没有明显的淋洗减小,变化不大。

3.3.2　冬灌棉田休作期土壤盐分动态变化

3.3.2.1　土壤盐分随时间的变化

不同冬灌淋洗定额条件下,即T21、T22、T23处理的休作期棉田表层(0~20 cm)、中层

(20~40 cm)和下层(40~80 cm)土壤盐分随时间的动态变化如图 3-10 所示。

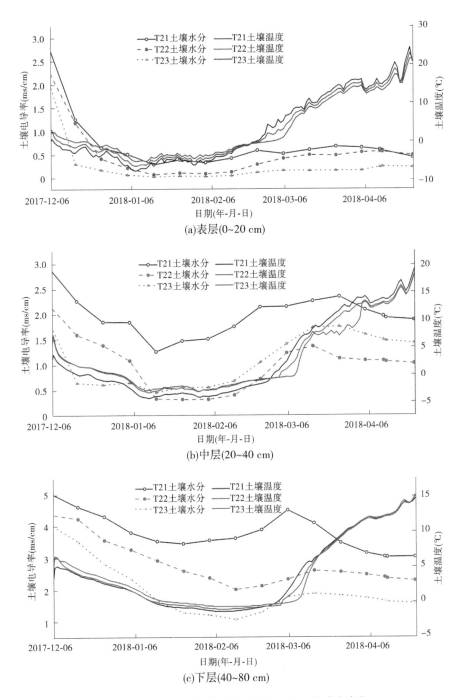

(a)表层(0~20 cm)

(b)中层(20~40 cm)

(c)下层(40~80 cm)

图 3-10　不同冬灌处理棉田不同土层盐分动态变化

　　由图 3-10 可知,棉田冬灌后,T21、T22、T23 处理的表层土壤盐分降低明显,且淋洗效果较好。对于中、下层土壤,当冬灌定额增大后,盐分淋洗效果明显增强,T22、T23 处理要好于 T21 处理。2 月中旬后,T21 处理各层土壤返盐程度随着土层深度的增加而增大,中、下层土壤在返盐达到一定高值后略有降低。而 T22、T23 处理仅在土壤中层出现明显的返盐现象，表层和下层土壤返盐相对较小，盐分值变化也较为稳定。

3.3.2.2　土壤盐分在垂直剖面上的变化

不同冬灌淋洗定额条件下，即 T21、T22、T23 处理的休作期棉田土壤盐分在 0~80 cm 垂直剖面上的动态变化如图 3-11 所示。

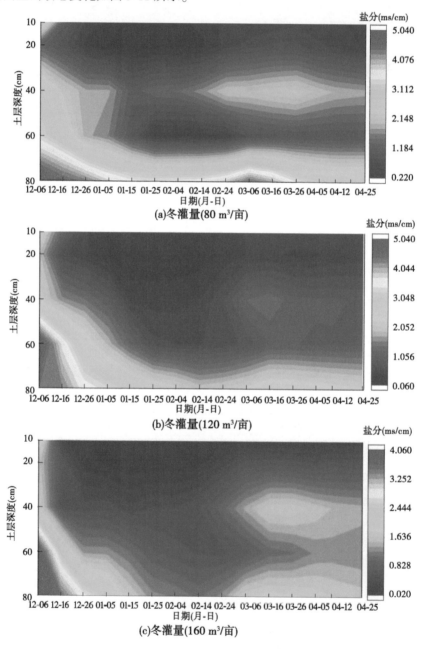

图 3-11　不同冬灌处理棉田土壤盐分垂直变化

由图 3-11 可知，在棉田冬灌淋洗初期，T21 处理的土壤盐分淋洗深度较 T22、T23 处理小。但随着时间的推移,棉田土壤盐分向下淋洗深度不断增大,T21 处理可达到 60 cm,T22 处理能够淋洗到 80 cm,而 T23 处理淋洗深度可达 80 cm 以下,说明淋洗定额对盐分减小的作用较大。2 月下旬后,各处理 60~80 cm 土壤出现了较为明显的返盐,但对 0~60 cm 土层盐分增加的影响较小。

3.3.3　春灌棉田休作期土壤盐分动态变化

3.3.3.1　土壤盐分随时间的变化

不同春灌淋洗定额条件下,即 T31、T32、T33 处理的休作期棉田表层(0~20 cm)、中层(20~40 cm)和下层(40~80 cm)土壤盐分随时间的动态变化如图 3-12 所示。

由图 3-12 可知,在棉花收获后至棉田春灌前的该段时期内,由于没有进行灌溉淋洗,T31、T32、T33 处理的表层、中层和下层土壤盐分没有明显的减少趋势,与棉花收获后的土壤盐分值保持一致。随着地温升高,各处理表层土壤盐分返盐较为明显,并在春灌前保持较高值变化,而中、下层土壤返盐程度较小。棉田春灌后,T31、T32、T33 处理的土壤盐分淋洗后出现降低,春灌定额越高,盐分淋洗越明显,同时土壤墒情能够得到保证。

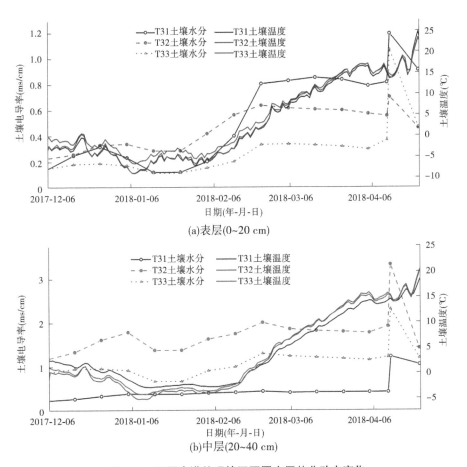

(a)表层(0~20 cm)

(b)中层(20~40 cm)

图 3-12　不同春灌处理棉田不同土层盐分动态变化

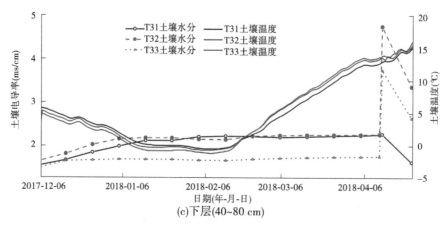

(c)下层(40~80 cm)

续图 3-12

3.3.3.2 土壤盐分在垂直剖面上的变化

不同春灌淋洗定额条件下，即 T31、T32、T33 处理的休作期棉田土壤盐分在 0~80 cm 垂直剖面上的动态变化如图 3-13 所示。

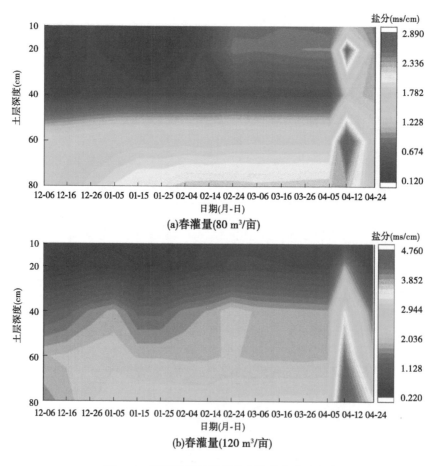

图 3-13 不同春灌处理棉田土壤盐分垂直变化

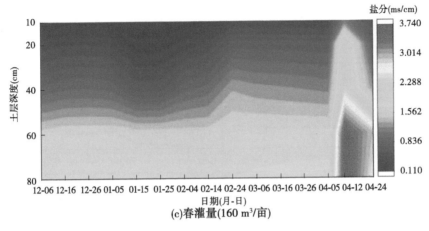

(c)春灌量(160 m³/亩)

续图3-13

由图 3-13 可知,没有实施冬灌的棉田土壤盐分值在休作期内的变化幅度不大,返盐现象不明显,T31、T32 和 T33 处理的 0~40 cm 土壤盐分含量明显低于 40~80 cm。在棉花生育期内,由于滴灌对土壤盐分也能够起到淋洗作用,到棉花生育期结束后,土壤盐分可运移至 40 cm 以下。棉田春灌后,各处理表层土壤盐分出现降低,而 40 cm 以下土壤盐分略有升高,盐分向下累积,且春灌定额越大对土壤盐分的淋洗效果也相对较好。

3.4　冬春灌对不同土层深度盐分变化的影响

3.4.1　冬春全灌淋洗定额对各层土壤盐分变化的影响

不同冬春全灌淋洗定额条件下,即 T11、T12、T13 处理的土壤盐分在冬春灌淋洗前后棉田各土层土壤盐分变化值见表 3-2。由表 3-2 可知,棉田冬灌前,T11、T12 和 T13 处理的 0~80 cm 土壤盐分值普遍较高,盐分均值分别达到 3.991 ms/cm、2.500 ms/cm、2.253 ms/cm,在棉田冬灌后。T11 处理 10 cm、20 cm、40 cm、60 cm 和 80 cm 土层土壤盐分较灌前分别降低了 2.358 ms/cm、0.328 ms/cm、1.440 ms/cm、2.161 ms/cm 和 1.169 ms/cm;T12 处理 10 cm、20 cm、40 cm、60 cm 和 80 cm 土层土壤盐分较灌前分别降低了 2.896 ms/cm、0.045 ms/cm、2.541 ms/cm、1.604 ms/cm 和 1.485 ms/cm;T13 处理的 10 cm、20 cm、40 cm、60 cm 和 80 cm 土层土壤盐分较灌前分别降低了 3.186 ms/cm、0.439 ms/cm、1.314 ms/cm、1.084 ms/cm 和 1.251 ms/cm。而在棉田春灌后,T11 处理 10 cm、20 cm、40 cm、60 cm 和 80 cm 土层土壤盐分较灌前分别降低了 0.022 ms/cm、0.418 ms/cm、0.357 ms/cm、0.232 ms/cm 和 0.205 ms/cm;T12 处理 10 cm、20 cm、40 cm、60 cm 和 80 cm 土层土壤盐分较灌前分别降低了 0.115 ms/cm、0.508 ms/cm、0.253 ms/cm、0.249 ms/cm 和 0.117 ms/cm;T13 处理 10 cm、20 cm、40 cm、60 cm 和 80 cm 土层土壤盐分较灌前分别降低了 0.323 ms/cm、0.415 ms/cm、0.248 ms/cm、0.116 ms/cm 和 0.121 ms/cm。

由上述分析可知,不同处理的棉田冬春灌后,土壤淋洗深度随着淋洗定额的增大而增加,冬灌对土壤盐分的淋洗效果明显好于春灌。在冬春灌后,T11、T12、T13 处理各层土壤盐分累积降低的均值分别为 1.738 ms/cm、1.962 ms/cm 和 1.699 ms/cm,各处理间的累积降低值相差较小。

表 3-2　不同冬春全灌淋洗定额处理的各层土壤盐分减小值

处理	深度(cm)	冬灌前土壤盐分值(s_1)(ms/cm)	春灌前土壤盐分值(s_2)(ms/cm)	播种前土壤盐分值(s_3)(ms/cm)	ΔS_1(s_2-s_1)(ms/cm)	ΔS_2(s_3-s_2)(ms/cm)	ΔS(ms/cm)
T11	10	3.353	0.995	0.972	−2.358	−0.022	−2.380
	20	1.417	1.089	0.671	−0.328	−0.418	−0.746
	40	2.968	1.528	1.170	−1.440	−0.357	−1.797
	60	6.231	4.070	3.838	−2.161	−0.232	−2.393
	80	5.989	4.820	4.615	−1.169	−0.205	−1.374
	均值	3.991	2.500	2.253	−1.491	−0.247	−1.738
T12	10	3.445	0.550	0.435	−2.896	−0.115	−3.011
	20	1.070	1.025	0.518	−0.045	−0.508	−0.552
	40	3.225	0.685	0.432	−2.541	−0.253	−2.794
	60	4.520	2.916	2.667	−1.604	−0.249	−1.852
	80	5.825	4.341	4.224	−1.485	−0.117	−1.602
	均值	3.617	1.903	1.655	−1.714	−0.248	−1.962
T13	10	4.020	0.834	0.511	−3.186	−0.323	−3.509
	20	1.493	1.054	0.638	−0.439	−0.415	−0.854
	40	1.994	0.680	0.432	−1.314	−0.248	−1.562
	60	3.689	2.604	2.488	−1.084	−0.116	−1.201
	80	3.430	2.179	2.058	−1.251	−0.121	−1.372
	均值	2.925	1.470	1.226	−1.455	−0.245	−1.699

3.4.2　冬灌淋洗定额对各层土壤盐分变化的影响

不同冬灌淋洗定额条件下,即 T21、T22、T23 处理的土壤盐分在冬春灌淋洗前后棉田各土层土壤盐分变化值见表 3-3。由表 3-3 可知,棉田冬灌后的土壤盐分降低值较为明显,T21 处理 10 cm、20 cm、40 cm、60 cm 和 80 cm 土层土壤盐分较灌前分别降低了 2.370 ms/cm、0.770 ms/cm、1.006 ms/cm、2.213 ms/cm 和 1.992 ms/cm;T22 处理 10 cm、20 cm、40 cm、60 cm 和 80 cm 土层土壤盐分较灌前分别降低了 1.810 ms/cm、1.443 ms/cm、1.132 ms/cm、3.987 ms/cm 和 2.085 ms/cm;T23 处理 10 cm、20 cm、40 cm、60 cm 和 80 cm 土层土壤盐分较灌前分别降低了 1.831 ms/cm、0.932 ms/cm、0.369 ms/cm、2.661 ms/

cm 和 2.466 ms/cm。

由上述分析可知,冬灌淋洗定额越大,对土壤盐分的淋洗效果越明显,T21、T22 和 T23 处理 0~80 cm 土壤盐分降低的均值分别为 1.671 ms/cm、2.091 ms/cm 和 1.652 ms/cm。

表 3-3　不同冬灌淋洗定额处理的各层土壤盐分减小值

处理	深度 (cm)	冬灌前土壤 盐分值(s_1) (ms/cm)	播种前土壤 盐分值(s_3) (ms/cm)	$\Delta S(s_3 - s_1)$ (ms/cm)
T21	10	2.810	0.440	−2.370
	20	1.271	0.501	−0.770
	40	2.897	1.891	−1.006
	60	3.267	1.054	−2.213
	80	5.030	3.038	−1.992
	均值	3.055	1.384	−1.671
T22	10	2.293	0.483	−1.810
	20	1.904	0.461	−1.443
	40	2.161	1.029	−1.132
	60	5.035	1.048	−3.987
	80	4.377	2.292	−2.085
	均值	3.154	1.063	−2.091
T23	10	2.057	0.226	−1.831
	20	1.554	0.622	−0.932
	40	1.804	1.435	−0.369
	60	3.912	1.251	−2.661
	80	4.043	1.577	−2.466
	均值	2.674	1.022	−1.652

3.4.3　春灌淋洗定额对各层土壤盐分变化的影响

不同春灌淋洗定额条件下,即 T31、T32、T33 处理的土壤盐分在冬春灌淋洗前后棉田各土层土壤盐分变化值见表 3-4。由表 3-4 可知,棉田春灌后,不同处理各层的土壤盐分降低值较为明显。T31 处理 10 cm、20 cm、40 cm、60 cm 和 80 cm 土层土壤盐分较灌前分别降低了 0.280 ms/cm、1.695 ms/cm、0.175 ms/cm、1.382 ms/cm 和 0.648 ms/cm。T32 处理 10 cm、20 cm、40 cm、60 cm 和 80 cm 土层土壤盐分较灌前分别降低了 0.238 ms/cm、1.497 ms/cm、1.907 ms/cm、2.178 ms/cm 和 1.384 ms/cm。T33 处理 10 cm、20 cm、40 cm、60 cm 和 80 cm 土层土壤盐分较灌前分别降低了 0.597 ms/cm、1.453 ms/cm、1.107 ms/cm、0.717 ms/cm 和 1.101 ms/cm。

表 3-4　不同春灌淋洗定额处理的各层土壤盐分减小值

处理	深度（cm）	冬灌前土壤盐分值（s_1）（ms/cm）	播种前土壤盐分值（s_3）（ms/cm）	$\Delta S(s_3-s_1)$（ms/cm）
T31	10	1.194	0.914	−0.280
	20	2.670	0.975	−1.695
	40	1.230	1.055	−0.175
	60	2.889	1.507	−1.382
	80	2.271	1.623	−0.648
	均值	2.051	1.215	−0.836
T32	10	0.703	0.465	−0.238
	20	1.828	0.331	−1.497
	40	3.332	1.425	−1.907
	60	4.170	1.992	−2.178
	80	4.743	3.359	−1.384
	均值	2.955	1.515	−1.440
T33	10	1.069	0.472	−0.597
	20	2.199	0.746	−1.453
	40	2.315	1.208	−1.107
	60	3.593	2.876	−0.717
	80	3.735	2.634	−1.101
	均值	2.582	1.587	−0.995

由上述分析可知，T32 处理对土壤盐分的淋洗效果和淋洗深度均较 T31 和 T33 明显，T31、T32 和 T33 处理 0～80 cm 土壤盐分降低的均值分别为 0.836 ms/cm、1.440 ms/cm 和 0.995 ms/cm。

第 4 章　冬春灌对棉花生育期土壤水盐动态及棉花生长的影响

本章开展了不同冬春灌模式、淋洗定额对棉花生育期土壤水盐动态及棉花生长和产量的影响研究,明确了冬春灌处理对棉花生长的影响机制,研究成果可为提出适宜棉花生长和产量的冬春灌模式及淋洗定额提供理论依据。主要结论如下:

(1)棉田冬春灌处理能够有效提高初始土壤含水率及将土壤水分蓄存起来供棉花在萌芽期—苗期之间利用。棉田春灌处理在提高初始土壤含水率和蓄存土壤水分方面较冬春全灌和冬灌处理更为有利。而在棉花生育期内,棉田土壤水分的变化主要受滴灌水量和次数的影响较大。棉田冬春全灌和冬灌处理能够显著降低土壤盐分含量,但在棉花播种—苗期土壤盐分会呈逐渐增加的趋势,而春灌处理在棉花播种—苗期 0~80 cm 土壤盐分呈逐渐降低趋势。当棉花进入蕾期后,各处理土壤盐分受滴灌水量和次数影响较大,灌溉前后土壤盐分增减明显,在棉花生育期结束后,各处理 0~80 cm 土壤盐分整体呈增大趋势。

(2)在不同的冬春灌模式中,春灌棉花出苗率均明显高于冬春全灌和冬灌处理。棉田春灌能够显著提高棉花出苗率,对于棉花产量的提高较为有利。对于相同的冬春灌模式,随着淋洗定额的增大,棉花出苗率越高;棉花生长指标的对比不能全面衡量不同棉田冬春灌模式的优劣,而对棉花生长指标影响较大的因素主要取决于生育期内的水肥管理和其他农业措施。棉花生育期干物质总量的变化呈先增大、再减小趋势,即棉花苗期干物质量最小,蕾期干物质量总量开始有较大幅度的增加,到花铃期快速积累,吐絮期干物质量达到最大值。在不同的冬春灌模式中,春灌处理的棉花产量最高,冬春全灌处理的棉花产量次之,冬灌处理的棉花产量最低。当冬春灌模式相同时,基本遵循了淋洗定额增大棉花产量也会随之增加,但中定额与高定额的棉花产量差异性不显著,从棉花产量的结果分析可知,冬春灌淋洗定额越大,对于棉花产量的贡献率不一定是越高的。

4.1　试验基本情况

4.1.1　试验设计

为了对比不同冬春灌模式及定额对棉花生育期生长、产量及土壤水盐动态的影响,排除生育期不同灌水因素造成的差异,因此不同处理棉花生育期内的灌水量、施肥以及管理措施均保持一致。棉花供试材料为南疆主栽品种新陆中 46 号,小区棉花种植为机采棉种植模式,行距配置为 10 cm+66 cm+10 cm,株距 9.5 cm,1 膜 2 管 6 行,滴灌带铺设在宽行,选用单翼迷宫式,滴头间距为 30 cm,单滴头最大流量为 2.4 L/h,工作压力为 0.1 MPa。

2017 年棉花生育期滴灌灌水定额为 20 m³/667 m²,苗期水从六叶现蕾初开始到开花共滴水 4 次,滴水间隔 10 d;花铃期水从大量开花到吐絮初期,共滴水 6 次,滴水间隔 7~10 d;吐絮期为了防止早衰,吐絮期滴水 2 次。2017 年棉花生育期总计滴水 11 次,灌溉定额 220 m³/667 m²。棉花各生育期灌水处理见表 4-1。

表 4-1 棉花各生育期灌水处理(2017 年)

棉花物候期	播种	苗期	蕾期	花铃期	吐絮期
物候期时间(月-日)	04-05	04-20~06-01	06-01~07-05	07-06~08-20	08-20~10-01
灌溉次数	—	—	3	6	2

2018 年棉花生育期内的灌水定额通过计算棉花不同生育阶段 ET_0 进行确定,ET_0 计算同式(1-1)。目前,南疆膜下滴灌棉花的灌水定额为 30 mm 左右,各处理试验从棉花蕾期开始,当累计 $ET_0-P=30$ mm 时进行灌溉。2018 年棉花各生育期灌水处理见表 4-2。棉花生育期滴水总计 14 次,灌溉定额 280 m³/667 m²。

表 4-2 棉花各生育期灌水处理(2018 年)

棉花物候期	播种	苗期	蕾期	花铃期	吐絮期
物候期时间(月-日)	04-17	05-01~06-07	06-07~07-12	07-12~08-30	08-03~10-08
灌溉次数	—	—	5	7	2

4.1.2 测定项目与方法

4.1.2.1 土壤含水率和盐分测定

2018 年在每个试验小区的棉花窄行埋设了 EM50 水盐温三参数传感器,对土壤水盐动态进行实时监测,传感器埋设深度为 10 cm、20 cm、40 cm、60 cm、80 cm,数据采集间隔时间为 1 h。

2017 年在棉花生育期内采用取土测定土壤电导率值,取样时间分别是 2017 年 5 月 5 日、6 月 6 日、7 月 1 日、8 月 2 日、9 月 1 日,每个处理按照 0~10 cm、10~20 cm、20~40 cm、40~60 cm、60~80 cm 分层取土,每层取湿土 50 g,风干过 1 mm 土筛后称取 20 g 置于容积为 250 mL 的三角瓶中,按照土水 1:5 的比例加入 100 mL 蒸馏水,放在振荡机上振荡 15 min,再静止 30 min 后进行过滤,用 DDSJ-308A 型电导率仪测定浸提液电导率(E_c)。土壤水分采用 EM50 水温两参数传感器,对土壤水分动态进行实时监测,传感器埋设深度为 10 cm、20 cm、40 cm、60 cm、80 cm,数据采集间隔时间为 1 h。

4.1.2.2 棉花生长指标测定

在棉花萌芽期,对每个处理小区的棉花出苗率进行统计,实际出苗数占总播种数的百分比即为棉花出苗率;在棉花幼苗期—吐絮期,每个处理内标定 5 株长势均匀的棉花,定期用钢尺和游标卡尺量测不同生育阶段棉花株高和茎粗。叶面积计算采用纸称重法结合叶面积系数进行。纸称重法是先将质地均一、面积 100 cm²(边长 10 cm 正方形)的 10 页纸在感量 0.001 g 的电子天平上称其质量,得到单位质量纸的面积(cm²/g),再将棉花不同生育期取样的叶片描绘在同一质地纸上,剪下称重(g),然后乘以单位质量纸的面积,得到棉花叶面积(cm²),同时用直尺量取棉叶长、宽最大尺寸。

根据系数法确定单株叶面积:

$$A = \sum_{i=1}^{n} A_i = \sum_{i=1}^{n} kL_iW_i \tag{4-1}$$

式中　A ——单株棉花叶面积,cm²;

　　　A_i ——某一单叶面积,cm²;

　　　L_i ——叶片长,cm;

　　　W_i ——叶片宽,cm;

　　　k ——折算系数(本试验取 0.75);

　　　i ——叶片序号;

　　　n ——叶片数。

棉花叶面积指数计算公式:

$$LAI = \frac{ANe}{M} \tag{4-2}$$

式中　LAI ——棉花叶面积指数;

　　　A ——单株棉花叶面积,cm²;

　　　N ——棉花播种数,粒;

　　　e ——棉花出苗率(%);

　　　M ——试验小区面积,cm²。

4.1.2.3　棉花生物量测定

分别在棉花蕾期、花铃期和吐絮期测定棉花的地下和地上部生物量,每个处理小区选择 3 株棉花,连根拔出,室内分别秤重棉花的根、茎、叶、蕾的鲜重,然后放入 105 ℃烘箱内杀青 30 min,取出放置在室内干燥通风处至恒质量,用感量 0.001 g 的电子天平称取干物质量,然后依据棉花种植密度计算各器官干物质量。

4.1.2.4　棉花产量测定

棉花生育期结束后,将试验小区内的棉花全部采摘秤重,然后按照小区面积换算成亩产。

$$Y = \frac{y}{m} \tag{4-3}$$

式中　Y ——籽棉产量,kg/亩;

　　　m ——小区面积(本试验取 0.01 亩);

　　　y ——小区籽棉质量,kg。

4.1.2.5　气象数据采集

采用 HOBO 自动气象站进行气温、空气相对湿度、2 m 高处的风速、太阳辐射强度和降水量等项目进行连续观测。2017 年、2018 年日均温度、日有效积温和降雨量见图 4-1。

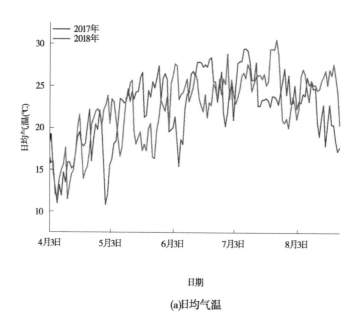

(a)日均气温

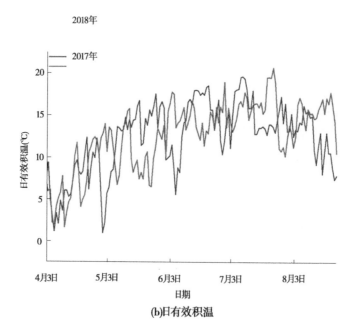

(b)日有效积温

图 4-1　试验区气温和降雨量

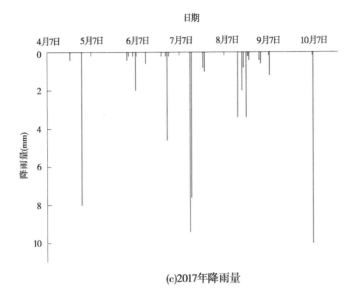

(c)2017年降雨量

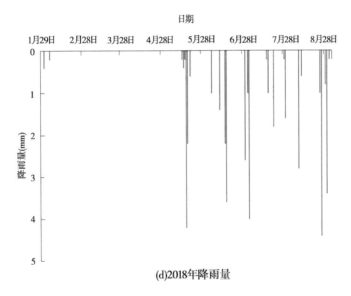

(d)2018年降雨量

续图 4-1

由图 4-1 可知,2017~2018 年,棉花生育期内气温波动较大,4月气温最低,7~8月气温最高,4~8 月的有效积温分别为 1 755 ℃、1 798 ℃。2017~2018 年棉花生育期内降雨总量分别为 48.2 mm、41.8 mm。2017 年超过 5 mm 的有效降雨为 4 次,单次最大降雨量9.4 mm;2018 年没有出现超过 5 mm 的有效降雨,单次最大降水量为 4.4 mm。

4.2 冬春灌对棉花生育期土壤水分动态的影响

4.2.1 冬春全灌棉田生育期土壤水分动态变化

不同冬春全灌淋洗定额条件下,在 2017 年、2018 年棉花生育期内 T11、T12、T13 处理的 0~80 cm 土壤水分动态变化如图 4-2~图 4-4 所示。

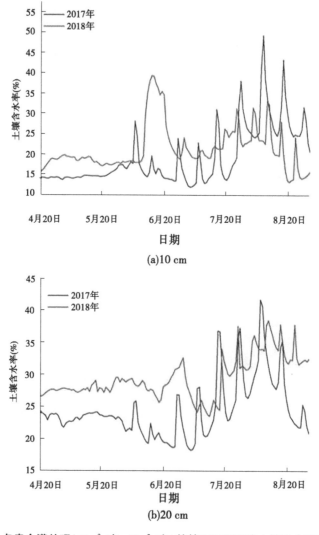

图 4-2 冬春全灌处理(40m³/亩+40m³/亩)的棉田不同深度土壤含水率动态变化

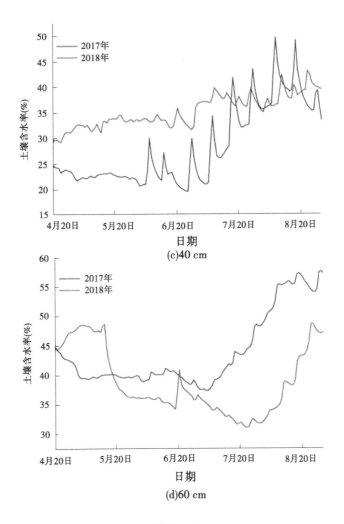

(c)40 cm

(d)60 cm

续图 4-2

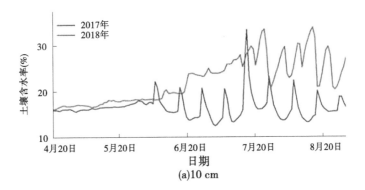

(a)10 cm

图 4-3　冬春全灌处理(60 cm³/亩+60 cm³/亩) 的棉田不同深度土壤含水率动态变化

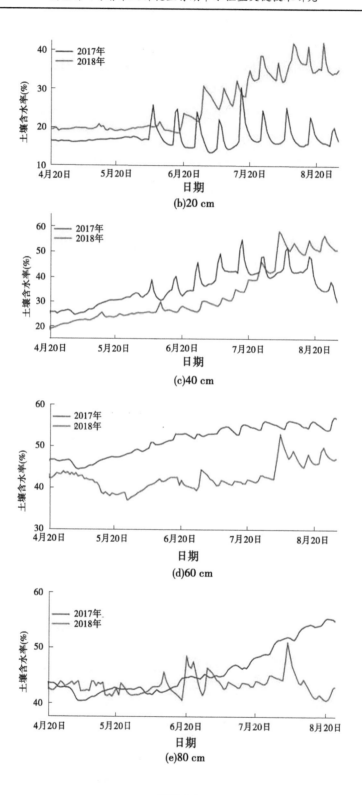

(b)20 cm

(c)40 cm

(d)60 cm

(e)80 cm

续图 4-3

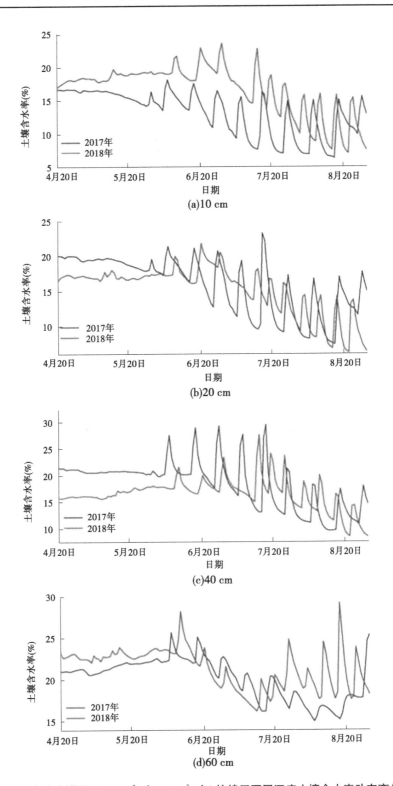

图 4-4　冬春全灌处理 (80 m³/亩+80 m³/亩) 的棉田不同深度土壤含水率动态变化

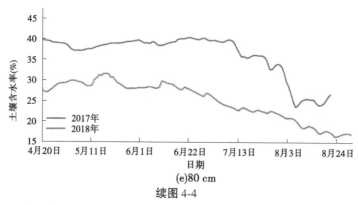

(e)80 cm

续图 4-4

棉花播种后,表层覆膜能够有效阻止土壤水分蒸发损耗,在棉花萌芽期、苗期一般不进行灌溉补水,因此春灌后蓄存于土壤中的水分就成为满足棉花正常生育的唯一水源,且土壤水分含量的高低对于棉花出苗率影响较大。由图 4-2~图 4-4 可知,T11、T12、T13 处理在棉花播种后—第 1 水期间的土壤水分变化趋势较为稳定,起伏较小。到 6 月中下旬,当棉花开始第 1 水期灌溉后,表层 0~40 cm 土壤水分受灌溉补给明显,水分变化起伏较大,而 60~80 cm 土壤水分变化幅度相对较小,补给不明显,这说明在棉花生育期内滴灌对 0~40 cm 土壤水分的影响要高于对 60 cm 以下的。

4.2.2　冬灌棉田生育期土壤水分动态变化

不同冬灌淋洗定额条件下,在 2017 年、2018 年棉花生育期内 T21、T22、T23 处理的 0~80 cm 土壤水分动态变化如图 4-5~图 4-7 所示。

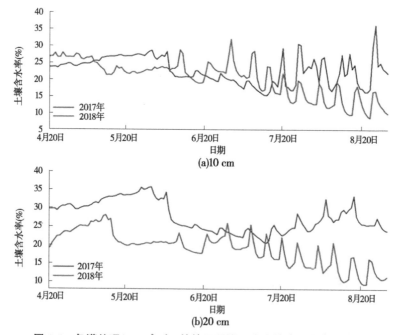

图 4-5　冬灌处理(80 m³/亩)的棉田不同深度土壤含水率动态变化

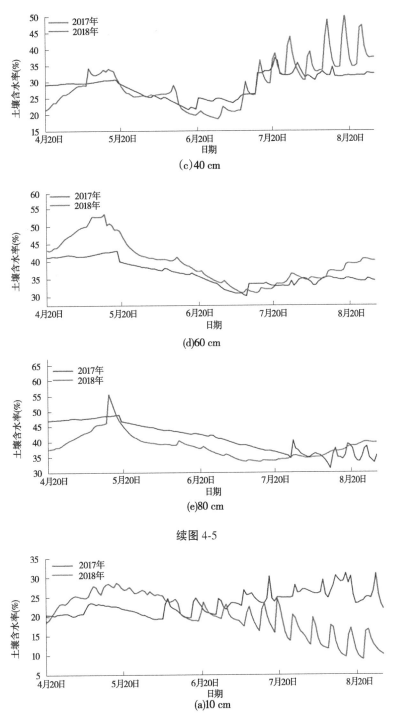

(c)40 cm

(d)60 cm

(e)80 cm

续图 4-5

(a)10 cm

图 4-6 冬灌处理(120 m³/亩)的棉田不同深度土壤含水率动态变化

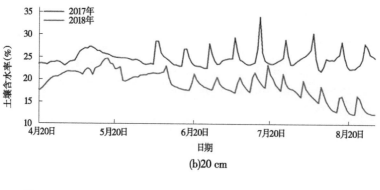

(b)20 cm

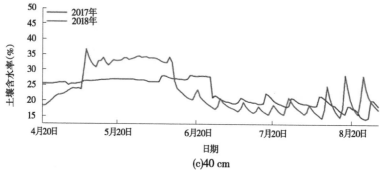

(c)40 cm

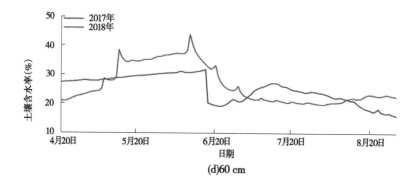

(d)60 cm

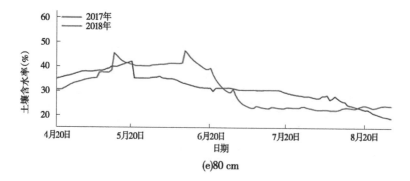

(e)80 cm

续图 4-6

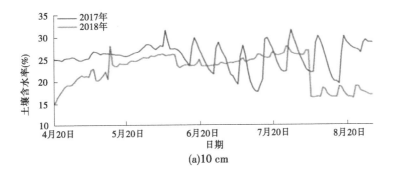

(a)10 cm

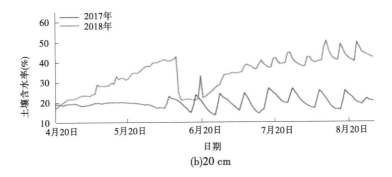

(b)20 cm

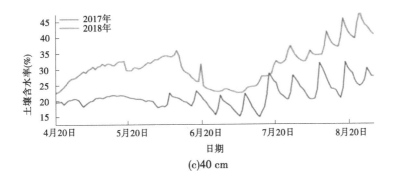

(c)40 cm

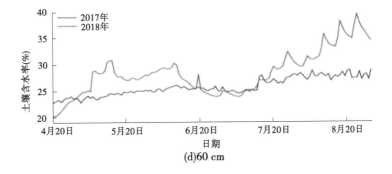

(d)60 cm

图 4-7　冬灌处理(160 m³/亩)的棉田不同深度土壤含水率动态变化

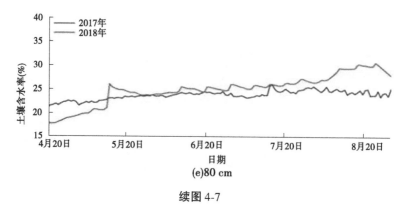

(e)80 cm

续图 4-7

由于外部条件的影响,年际间棉田冬灌对次年土壤水分的影响不同。由图 4-5~图 4-7 可知,2017 年,棉花播种至第 1 水期前,T21、T22、T23 处理 0~80 cm 土壤水分变化不大,较为稳定。在棉花生育期内,T21、T22 处理 0~20 cm 土壤水分受灌溉影响较大,土壤水分增减明显,40 cm 以下土壤水分受灌溉影响较小,而 T23 处理 0~40 cm 受灌溉影响明显。2018 年,棉花播种至第 1 水期前,T21、T22、T23 处理 0~80 cm 土壤水分呈逐渐增加的趋势,下层土壤水分的补给对于满足棉花早期生长所需较为有利。在棉花生育期内,0~40 cm 土壤水分变化受灌溉影响较大。

4.2.3　春灌棉田生育期土壤水分动态变化

不同春灌淋洗定额条件下,在 2017 年、2018 年棉花生育期内 T31、T32、T33 处理的 0~80 cm 土壤水分动态变化如图 4-8~图 4-10 所示。

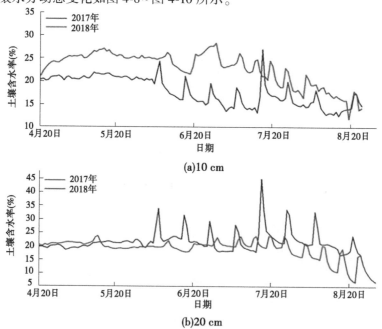

(a)10 cm

(b)20 cm

图 4-8　春灌处理(80 m³/亩)的棉田不同深度土壤含水率动态变化

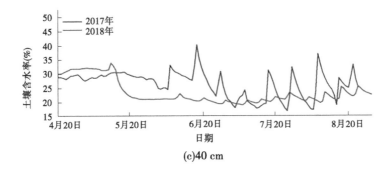

(c)40 cm

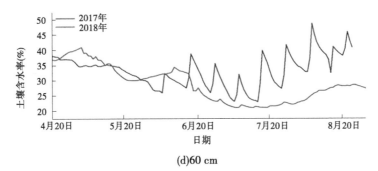

(d)60 cm

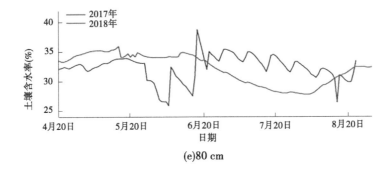

(e)80 cm

续图 4-8

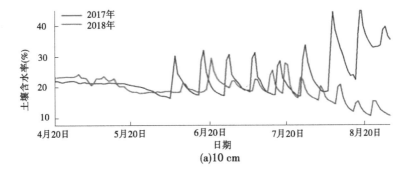

(a)10 cm

图 4-9　春灌处理(120 m³/亩)的棉田不同深度土壤含水率动态变化

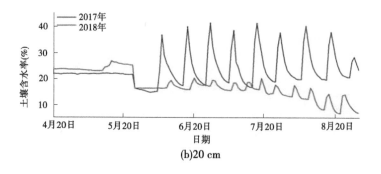

(b)20 cm

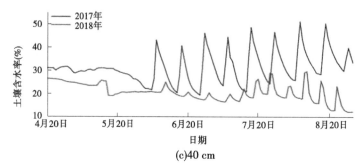

(c)40 cm

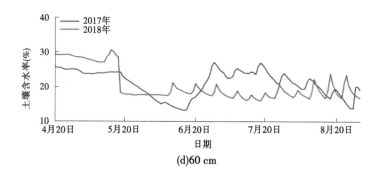

(d)60 cm

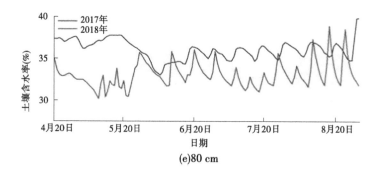

(e)80 cm

续图 4-9

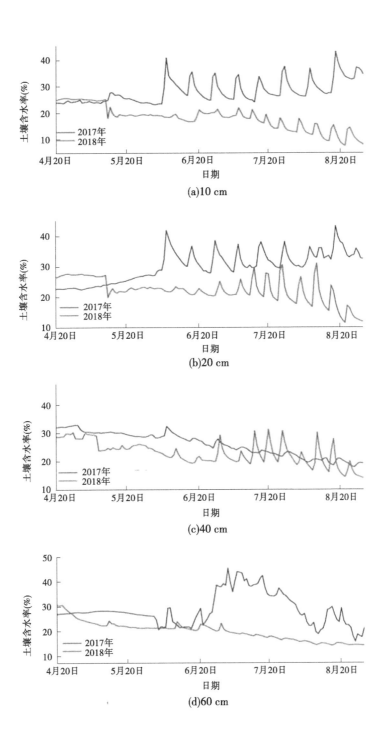

(a)10 cm

(b)20 cm

(c)40 cm

(d)60 cm

图 4-10　春灌处理(160 m³/亩)的棉田不同深度土壤含水率动态变化

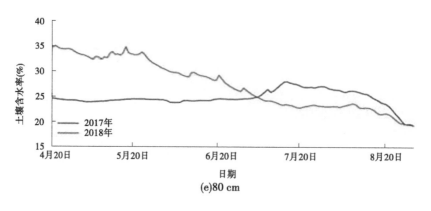

日期

(e)80 cm

续图 4-10

棉田春灌后,各处理蓄存于土壤中的水分含量较高,土壤墒情较好,较有利于棉种萌发。由图 4-8~图 4-10 可知,2017 年、2018 年,棉花播种至第 1 水期前,T31、T32、T33 处理 0~80 cm 土壤水分变化较小,水分消耗过程平稳,能够满足棉花早期生长所需的水分。在棉花生育期内,2017 年 T31、T32、T33 处理 0~80 cm 土壤水分受灌溉影响较大,土壤水分变化明显。而 2018 年,60 cm 以下土壤水分受到灌溉的影响相对不大,水分变化较为稳定。

4.3　冬春灌棉田生育期土壤盐分动态变化

4.3.1　冬春全灌棉田生育期土壤盐分动态变化

不同冬春全灌淋洗定额条件下,在 2017 年、2018 年棉花生育期内 T11、T12、T13 处理的 0~80 cm 土壤电导率动态变化如图 4-11 所示。2017 年在棉花生育期内取土测定了 5 次土壤电导率值,而 2018 年则是通过自动监测传感器对土壤电导率值采用连续测定。

由图 4-11 可知,棉田冬春灌淋洗后,在土壤水分逐渐消耗及地温影响的带动下下部盐分向上运移。2017 年,T11、T12、T13 处理棉花播种后—苗期土壤盐分呈逐渐增加的趋势。棉花进入蕾期后在滴灌淋洗的作用下,0~80 cm 土壤盐分呈现减小趋势,但上层土壤盐分逐渐向深层运移。随着灌溉次数的增加,0~80 cm 土壤盐分开始累积,并在棉花生育期结束后达到较大值。2018 年,各处理 0~60 cm 土壤盐分变化趋势较为一致,盐分增减受灌溉影响较大,滴灌前后土壤盐分变化明显,在棉花生育期结束后土壤盐分仍呈现整体升高的趋势。

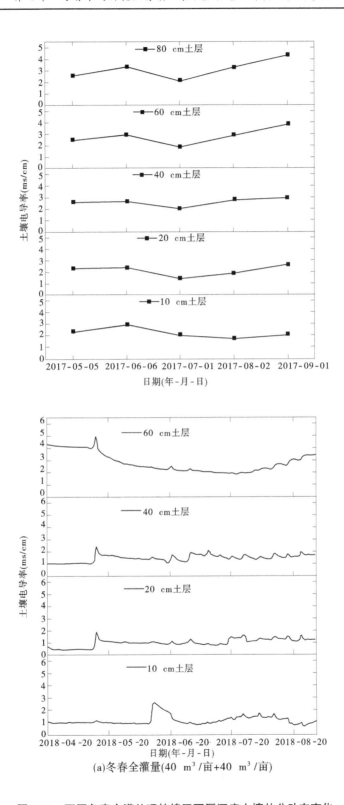

(a)冬春全灌量(40 m³/亩+40 m³/亩)

图 4-11　不同冬春全灌处理的棉田不同深度土壤盐分动态变化

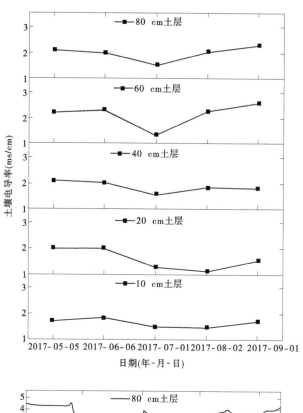

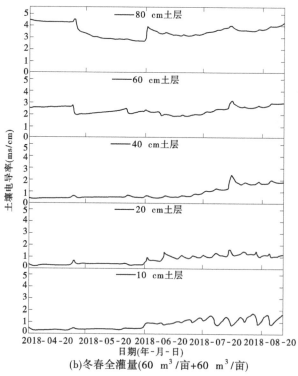

(b)冬春全灌量(60 m³/亩+60 m³/亩)

续图 4-11

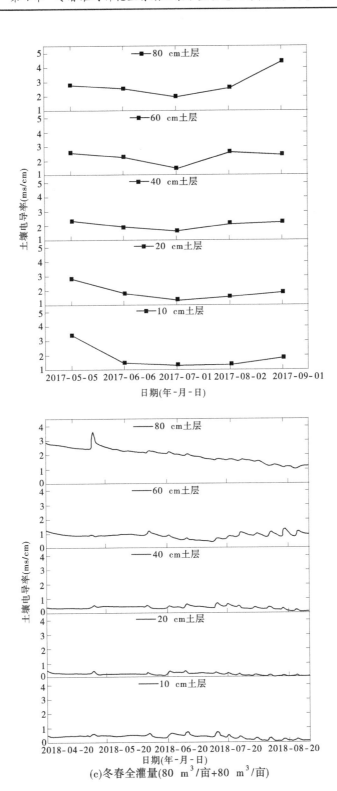

(c)冬春全灌量(80 m³/亩+80 m³/亩)

续图 4-11

4.3.2　冬灌棉田生育期土壤盐分动态变化

不同冬灌淋洗定额条件下，在 2017 年、2018 年棉花生育期内 T21、T22、T23 处理的 0~80 cm 土壤盐分动态变化如图 4-12 所示。

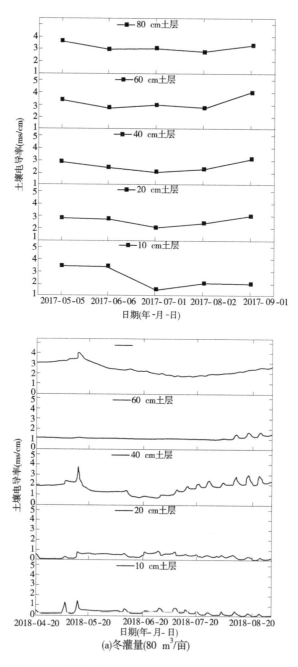

图 4-12　不同冬灌处理的棉田不同深度土壤盐分动态变化

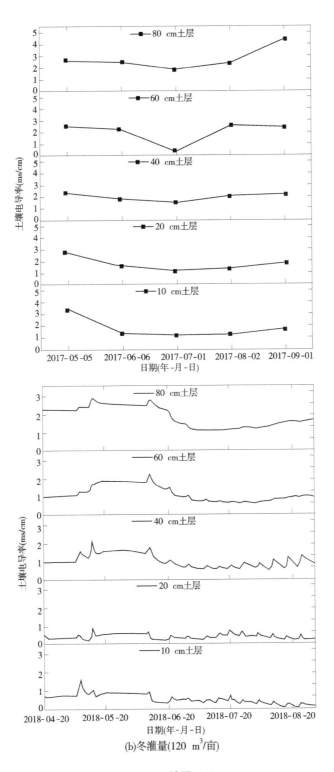

(b)冬灌量(120 m^3/亩)

续图 4-12

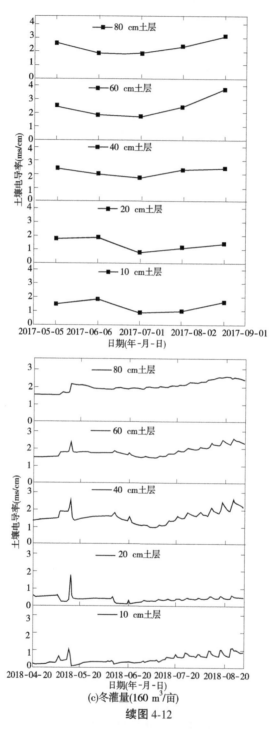

(c)冬灌量(160 m³/亩)

续图 4-12

棉田冬灌对土壤盐分淋洗效果较好,盐分降低明显,但在休作后期土壤出现返盐现象,盐分出现升高。由图 4-12 可知,2017 年,T21、T22、T23 处理棉花播种后—苗期内 0~80 cm 土壤盐分含量普遍较高,随后在棉花生育期正常的滴灌灌溉淋洗作用下,土壤盐分逐渐降低。但是,随着滴灌次数的增加,0~40 cm 土壤盐分开始逐渐累积,而 40 cm 以下盐分累积相对较小。在棉花生育期结束后,0~80 cm 土壤盐分整体呈增大趋势。2018年,在棉花播种后—苗期,各处理 0~20 cm 土壤盐分含量相对较低,但随着土壤水分的不断消耗,0~80 cm 土壤盐分增加趋势明显。棉花生育期开始正常滴灌灌溉后,0~40 cm 土壤盐分受灌溉影响较大,滴灌前后土壤盐分的累积–淋洗频繁,变化趋势明显。在棉花生育期内,T21、22 处理 60 cm 以下土壤盐分呈现逐渐降低趋势,而 T23 处理则反之。

4.3.3　春灌棉田生育期土壤盐分动态变化

　　不同春灌淋洗定额条件下,在 2017 年、2018 年棉花生育期内 T31、T32、T33 处理的 0~80 cm 土壤盐分动态变化如图 4-13 所示。

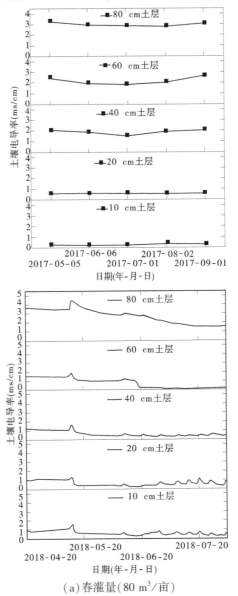

(a)春灌量(80 m³/亩)

图 4-13　不同春灌处理的棉田不同深度土壤盐分动态变化

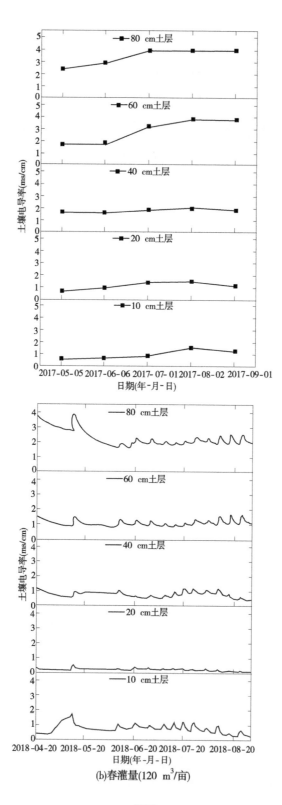

(b)春灌量(120 m³/亩)

续图 4-13

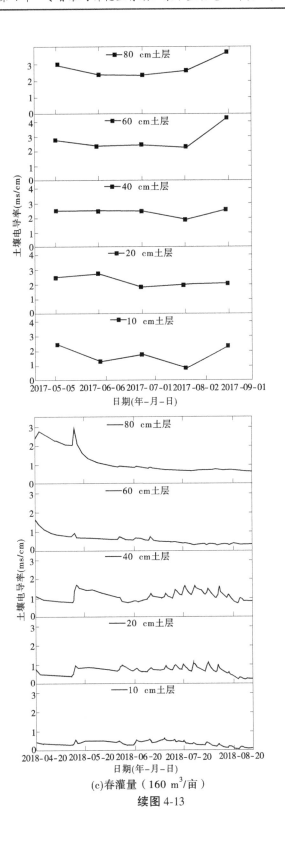

(c)春灌量（160 m³/亩）

续图 4-13

由图 4-13 可知,2017 年,棉田春灌后,在棉花播种后—苗期,T31、T33 处理 0~80 cm 土壤盐分呈逐渐降低趋势,而 T32 处理 0~80 cm 土壤盐分则出现缓慢上升。在棉花进入蕾期后,T31、T33 处理在滴灌淋洗作用下持续降低至最小值后随着灌溉次数的增加,土壤盐分又开始升高,并在棉花生育期结束达到较大值。而 T32 处理土壤盐分则持续增加直到棉花生育期结束,这是由该处理后期地膜受损,土壤蒸发增加盐分运移加剧所致。2018 年,在棉花播种后—苗期,各处理 0~80 cm 土壤盐分变化趋势较为一致。在棉花进入蕾期后,各处理土壤盐分受滴灌影响较大,灌溉前后土壤盐分增减明显,0~40 cm 土壤盐分逐渐增加,而 40~80 cm 土壤盐分则缓慢降低。

4.4　冬春灌对棉花生长及产量的影响

4.4.1　冬春灌对棉花出苗率的影响

不同冬春灌模式及淋洗定额条件下,2017 年、2018 年棉花出苗率如图 4-14 所示。冬春灌淋洗对棉花出苗率影响较大。由图 4-14 可知,在不同的冬春灌模式中,2017 年、2018 年的春灌棉花出苗率均明显高于冬春全灌和冬灌处理。2017 年、2018 年春灌、冬春全灌和冬灌的棉花出苗率均值分别为 88.7%,83.1% 和 70.6%,经统计分析,冬灌与冬春全灌、春灌的棉花出苗率差异性显著($p<0.05$)。2018 年春灌、冬春全灌和冬灌的棉花出苗率均值分别为 94.5%、80.8% 和 82.1%,经统计分析,春灌与冬春全灌、冬灌的棉花出苗率差异性显著($p<0.05$)。由此可知,棉田春灌能够显著提高棉花出苗率,对于棉花产量的提高较为有利。

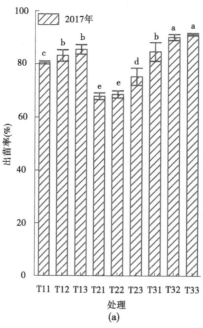

图 4-14　不同冬春灌模式棉花出苗率

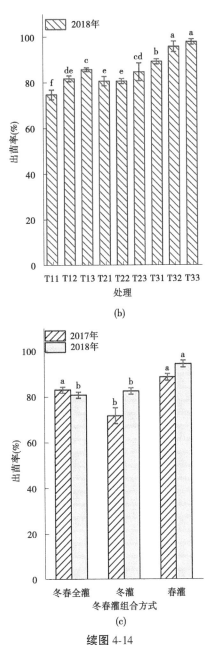

续图 4-14

对于相同的冬春灌模式,2017 年、2018 年各处理随着淋洗定额的增大,棉花出苗率越高,经统计分析,最低淋洗定额与最高定额处理的棉花出苗率的差异性显著($p<0.05$),而中定额淋洗和高定额处理的棉花出苗率的差异性不显著。

4.4.2　冬春灌对棉花生长的影响

不同冬春灌模式及淋洗定额条件下,2017 年、2018 年棉花叶面积指数、茎粗及株高变化分别见图 4-15、图 4-16,2017 年、2018 年棉花叶面积指数、茎粗和株高的统计分析见表 4-3。

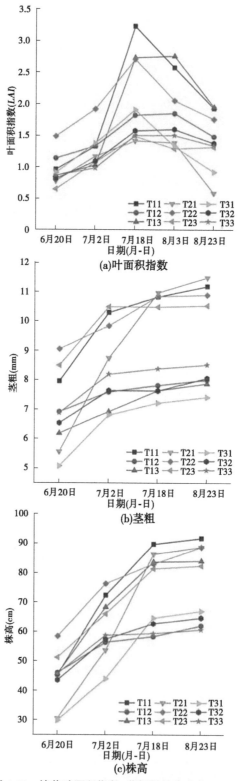

图 4-15   棉花叶面积指数、茎粗及株高变化 (2017 年)

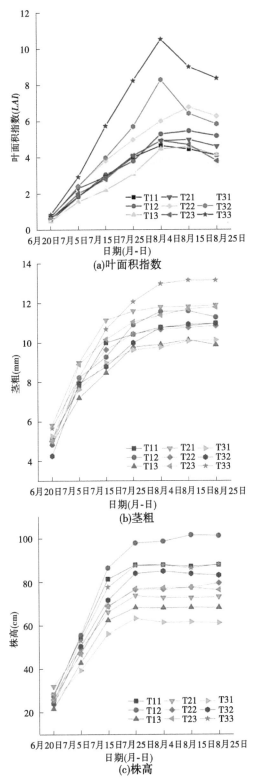

图 4-16　棉花叶面积指数、茎粗及株高变化 (2018 年)

表 4-3　不同冬春灌模式及淋洗定额的棉花生长指标统计分析

年份	处理	叶面积（cm^2）	茎粗（mm）	株高（cm）
2017	T11	1 517.4±372.2a	10.1±1.73a	74.7±4.19a
	T12	639.2±203.1e	7.6±0.65c	56.9±3.26cd
	T13	824.2±180.6cde	7.2±0.3c	70.4±6.56ab
	T21	1 498.3±327.6ab	9.2±2.02ab	64.8±10.2bc
	T22	1 389.8±242.35ab	10.2±0.99a	76.6±6.45a
	T23	1 122.8±373.4bc	10±1.88ab	70.2±3.29ab
	T31	1 094.9±83.2bcd	6.6±0.54c	53.9±2.65d
	T32	695.8±57.2de	7.5±0.34c	57±3.36cd
	T33	641.5±129.9e	8±0.62bc	56.1±6.38cd
2018	T11	1 267.1±348.2a	9.41±0.8ab	72.24±3.6b
	T12	1 479.1±623.8a	9.67±0.31ab	80.46±2.16a
	T13	1 321.3±513.4a	8.61±1.47b	56.28±4.77de
	T21	1 462.3±128.3a	10.43±1.16ab	62.27±4.29cd
	T22	1 845.1±947.5a	9.34±1.56ab	63.94±2.19c
	T23	1 301.4±412.7a	9.99±1.63ab	63.88±4.72c
	T31	1 329.4±274.9a	8.78±0.55ab	52.66±4.36e
	T32	1 670.2±897.9a	9.08±1.42ab	68.38±2.31bc
	T33	2 196.6±689.1a	10.84±1.46a	71.31±6.6b

注：不同字母表示处理间差异显著（$p<0.05$）。

叶面积指数是反映作物群体叶面积变化的重要指标，也是棉花光合、蒸腾及生物量形成的重要参数。由图 4-15 和图 4-16 可知，各处理棉花生育期叶面积指数变化趋势较为一致，呈先逐渐增大、再减小的变化。棉花苗期叶面积指数较低、茎粗较细、株高较矮，到棉花蕾期、花铃前期后，棉花开始进入营养生长快速期，棉花叶面积指数、株高和茎粗增加较快，并达到生育期最大值，进入棉花花铃后期，棉花营养生长开始有所减弱，生殖生长逐渐占据优势，棉花生长也由营养生长转向生殖生长。到吐絮期，棉花叶面积指数开始减小，而棉花株高和茎粗与花铃后期基本保持一致，生长稳定。

由表 4-3 可知，棉花在不同的生长年份，由于播种、气象条件等的影响，生长指标存在较大的差异。2017 年，各冬春灌处理的棉花叶面积差异性显著（$p<0.05$），冬灌棉花叶面积、茎粗和株高最大，长势最好，其次是冬春全灌，春灌最小。2018 年，冬灌、春灌处理对棉花叶面积、茎粗和株高影响差异性不显著，长势较为一致。冬春灌处理对棉花叶面积、茎粗的影响较小，不同定额处理间的差异性不显著，但对棉花株高的影响较大，处理间的差异性显著（$p<0.05$）。

4.4.3 冬春灌对棉花干物质积累量的影响

不同冬春灌模式及淋洗定额条件下,2017 年、2018 年棉花不同生育阶段根、茎、叶、铃各生殖器官占比如图 4-17~图 4-19 所示。

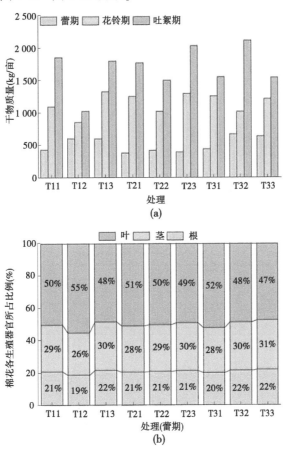

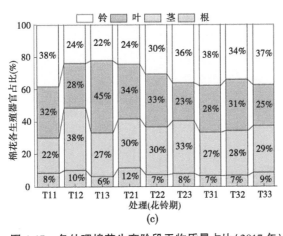

图 4-17 各处理棉花生育阶段干物质量占比 (2017 年)

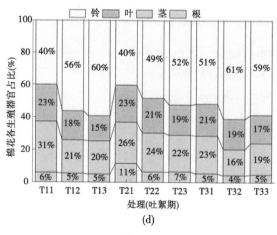

(d)

续图 4-17

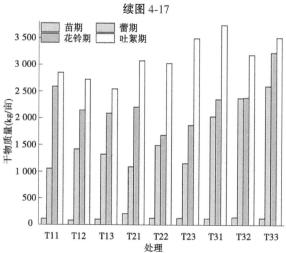

图 4-18　棉花生育期干物质量变化(2018 年)

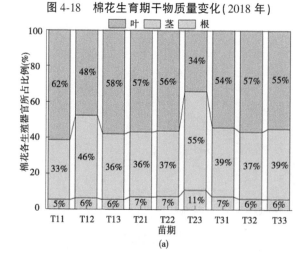

(a)

图 4-19　各处理棉花生育阶段干物质量占比(2018 年)

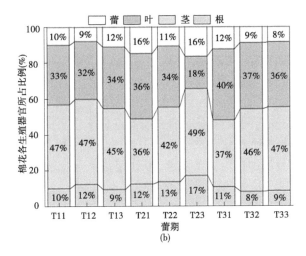

(b)

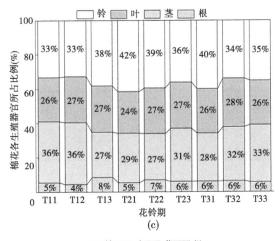

(c)

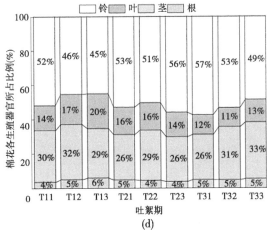

(d)

续图 4-19

各处理棉花生育期干物质总量的变化呈先增加再减小趋势,即棉花苗期干物质量最小,蕾期干物质量总量开始有较大幅度地增加,到花铃期快速积累,吐絮期干物质量达到最大值。2017年分别测定棉花蕾期初期、花铃期和吐絮期的干物质量,由图4-17可知,棉花的不同生育阶段各生殖器官干物质的增衰差异较为明显。在蕾期,各处理棉叶干物质量能够占到总量的47%~52%,棉秆占到26%~31%,根系占到19%~22%。到了花铃期,棉花各生殖器官干物质变化明显,不同处理的棉花花铃干物质量开始逐渐增加,占到总物质量的22%~38%,棉叶占到23%~45%,棉秆占到22%~38%,根系占到6%~10%。进入吐絮期后,花铃干物质量增加成为主要趋势,各处理花铃占总物质量的40%~61%;棉叶开始凋落,占总量的15%~23%;棉秆干物质量变化不大,占总量的16%~32%;根系衰竭与花铃期较为一致,占总量的4%~12%。

2018年分别测定了棉花苗期、蕾期、花铃期和吐絮期的干物质量。由图4-18、图4-19可知,棉花苗期主要以地上部生长为主,叶片和茎秆处于快速生长期,各处理地上部干物质量占到总物质量的89%~95%,其中棉叶占比在34%~61%,茎秆占比在34%~55%。到了蕾期,棉花蕾铃数开始增加,茎秆和根系在生殖器官中的占比增加,棉叶生长放缓,蕾铃占比在8%~16%,棉叶占比在18%~40%,茎秆占比在36%~49%,根系占比在8%~17%。在花铃期,花铃干物质量增加明显,棉叶和茎秆生长减慢趋势较大,花铃占比达到了33%~42%,棉叶占比在18%~40%,茎秆占比在36%~49%,根系占比在8%~17%。进入吐絮期,棉花干物质量积累明显,各处理花铃占总物质量的45%~57%;而棉叶开始凋落,占总量的11%~20%;棉秆干物质量变化不大,占总量的26%~33%;根系衰竭与花铃期较为一致,占总量的4%~6%。

4.4.4　冬春灌对棉花产量的影响

不同冬春灌模式及淋洗定额条件下,2017年、2018年棉花产量如图4-20所示。在棉花生育期内,不同冬春灌模式处理下棉花膜下滴灌定额、施肥种类、施肥量和管理措施均保持一致,以确保对棉花产量影响的主要因素是冬春灌模式和淋洗定额。由图4-20可知,在不同的冬春灌模式中,春灌处理的棉花产量最高,2017年、2018年的棉花亩均产量达到320 kg/亩、353.5 kg/亩;冬春全灌处理的棉花产量次之,亩均产量分别达到298.8 kg/亩、321.5 kg/亩;冬灌处理的棉花产量最低,亩均产量分别达到257.9 kg/亩、319.7 kg/亩。2018年的冬春全灌和冬灌的棉花产量差异不大。当冬春灌模式相同时,基本遵循了淋洗定额越大棉花产量也会随之增加,但中定额与高定额的棉花产量差异性不显著($p > 0.05$),甚至在2017年的春灌处理中,出现了淋洗定额最高的T33处理的棉花产量要低于T32处理。从不同冬春灌模式的棉花产量分析可知,2017年和2018年的棉花产量存在较大差异,这是由于2017年的棉花播种期较早,播后低温天气影响了棉花的出苗率,产量较2018年低。从棉花产量的结果分析可知,冬春灌淋洗定额越大,对于棉花产量的贡献率不一定是越高的。

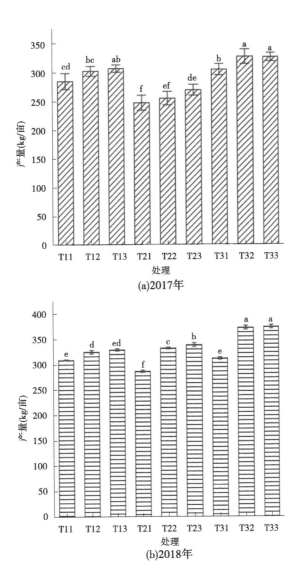

图 4-20 各种处理棉花产量

第5章 基于气象信息指导南疆膜下滴灌棉花灌溉的试验研究

作物耗水过程与所处的气象环境具有密切的关系。本章通过田间小区控制试验,开展了基于气象信息指导南疆膜下滴灌棉花灌溉的试验研究,探究了基于气象信息的灌水处理对南疆膜下滴灌棉田水盐运移、棉花生长、产量形成、耗水以及水分利用效率的影响,评估了单作物系数法和SIMDual_Kc双作物系数模型用于计算南疆地区膜下滴灌棉花蒸散量的准确性与适用性,确定了南疆地区膜下滴灌棉花各生育阶段适宜的作物系数。主要结论如下:

(1)棉花生育期内,各处理土壤水分及盐分均随着棉花生长发育及灌溉而发生波动,土层越浅,波动幅度越大。其中,水分变化主要集中在棉花主根区 0 ~ 40 cm 土层,而40 cm 以下土层变化幅度较小。土壤含水率波动周期与灌水周期一致,每次灌水前都处于相对低值,灌水后显著增大,灌水量越大,土壤含水率越高。在主根区内,灌水定额越大,土壤含盐量越低。常规灌溉处理灌水量过多,发生深层渗漏,盐分向 40 cm 以下土壤累积。基于气象信息决策灌溉的处理在主根区土壤含盐量与灌水定额成反比,其中灌水定额最高的处理在主根区含盐量与采用常规模式灌溉的处理无显著差异。

(2)24 mm 的灌水定额过小,发生水分胁迫,因水分亏缺导致植株生长发育受到影响,株高、叶面积在各处理中均处于最低水平,生殖生长提前,产量显著低于其他处理;40 mm 灌水量过高,导致植株发育滞后,贪青晚熟。根据气象信息指导灌溉的 24 mm、30 mm、36 mm 几个处理,2017 年和 2018 年生育期耗水量分别在 317. 69 ~ 419. 56 mm、282. 96 ~ 378. 34 mm,且灌水定额越大,全生育耗水量越多,但均显著低于常规灌溉处理522. 1 mm 和 421. 36 mm 的总耗水量。36 mm 处理产量与常规灌溉处理并无显著差异,说明棉田作物蒸发蒸腾量与降水量的差值累计达到 30 mm 灌溉、灌水定额 36 mm 的组合,可以在保证棉花不减产的条件下,显著提高灌溉水利用率,适用于在南疆地区根据气象信息指导膜下滴灌棉花的灌溉管理。

(3)采用单作物系数法计算棉田腾发量与实测值呈现出相同的变化趋势,但准确性较低。采用 SIMDual_Kc 双作物系数模型可以较准确地模拟南疆地区棉花蒸散量的变化,能够更好满足灌溉决策的需要;根据 2 年的试验资料,利用 SIMDual_Kc 双作物系数模型进行模拟,估算出南疆地区膜下滴灌棉花的适宜基础作物系数 K_{cb}, K_{cb-ini}、K_{cb-mid}、K_{cb-end} 分别为 0. 20、1. 15、0. 58。

(4)DSSAT－CROPGRO 模型能较好地模拟棉花的物候期和产量,可以借助于DSSAT－CROPGRO 模型指导棉花生产。当灌水定额为 24 ~ 30 mm、灌溉定额为 264 ~ 330 mm 时,初始土壤含水率达到 θ(田间持水率)时棉花籽棉产量最高。当灌水定额为 36

mm,灌溉定额为 390~400 mm 时,初始土壤含水率宜选择在 80%θ~100%θ。

5.1　试验基本情况

5.1.1　灌水时间确定

参考作物需水量(ET_0)采用 FAO-56 修正并推荐的 Penman-Monteith 公式计算,同式(1-1)。由于数据缺失,适用于当地的双作物系数模型尚未建立,故作物蒸发蒸腾量(ET_c)采用 FAO-56 推荐的单作物系数法计算。

5.1.2　灌水定额设置

灌水定额设置 3 个水平,分别为水分亏缺量的 80%、1.0 倍和 1.2 倍,即 T1:30×0.8=24 mm,T2:30×1.0=30 mm,T3:30×1.2=36 mm,另设一个按照当地常规灌溉制度进行灌溉的处理 T4,作为对照使用。T4 处理的第一水灌水日期为 2017 年 6 月 15 日、2018 年 6 月 11 日,然后按照蕾期灌水周期 7 d、花铃期灌水周期 5 d、灌水定额 40 mm 的模式进行灌溉。每个处理设置 3 个重复,共 12 个小区,按照完全随机区组设计进行田间布置。

5.1.3　栽培模式及灌溉管网布置

2017 年试验田棉花于 4 月 3 日播种,7 月 11 日打顶,10 月 20 日全部收获完毕;2018 年的播种时间为 4 月 15 日,打顶时间为 7 月 17 日,9 月下旬开始收获,至 10 月 7 日左右采摘完毕。试验田在 2016 年 11 月进行冬灌,灌水定额 200 mm;2017 年 3 月、2018 年 4 月分别进行春灌,灌水定额 100 mm。

施肥方式为随水施肥,第一次灌溉按 150 kg/hm² 用量施用尿素,之后隔一次灌水按 150 kg/hm² 用量施用一次滴灌专用肥(总养分≥43%,$N:P_2O_5:K_2O$ =18:12:13),至 8 月底停止灌水。

供试棉花品种为"新陆中 46",覆膜种植,田间布置方式为 1 膜 2 带 6 行(见图 5-1),行距为 10 cm+66 cm+10 cm+66 cm+10 cm,株距 10 cm。膜宽 2 m,两膜之间留未覆膜裸地 33 cm。滴灌带规格为 φ16 mm,滴头间距 20 cm,滴头流量 2.29 L/h,供水压力 0.1 MPa。每个试验小区长 22 m,宽度为 3 个膜带,约 6 m,使用同一个支管供水,由安装在支管上的水表和闸阀监测与控制各试验小区的灌水量。

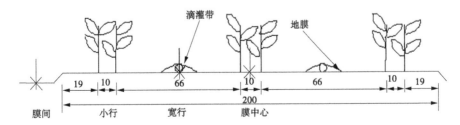

图 5-1　滴灌带布置方式(单位:m)

5.1.4　作物系数确定方法

在 FAO-56 中作物的生育期,可以按照其地面覆盖度的大小和叶面积的大小人为地划分为四个阶段,依次是生长初期、快速生长期、生长中期及生长后期,对应于与棉花的苗期、蕾期、花铃期、吐絮期。生长初期是指自播种日开始一直到地表近 10% 的面积被覆盖,快速生长期是自生长初期结束为始到地面被彻底有效覆盖为止,其中对于很难直观地确定达到有效全覆盖的时间的作物,通常用较容易看到的抽穗(开花)期作为达到有效全覆盖的时间,或将叶面积指数(LAI)达到 3 作为达到有效全覆盖的参照指标。生长中期是指从有效全部覆盖到作物开始成熟的这段时间。生长后期对应于作物开始成熟到收获或彻底衰老为止。2017~2018 年棉花生育期划分如表 5-1 所示。

表 5-1　不同生长阶段气象要素

年份	生长阶段	日期	生长期天数(d)	温度(℃)	风速(m/s)	相对湿度(%)	净辐射(MJ/m)	ET_0(mm/d)
2017	生长初期	4 月 3 日至 5 月 25 日	54	21.1	1.5	36.3	19.0	4.5
	快速生长期	5 月 26 日至 6 月 25 日	31	24.5	1.2	32.5	23.0	5.5
	生长中期	6 月 26 日至 8 月 23 日	58	23.8	0.8	54.4	18.9	4.3
	生长后期	8 月 24 日至 10 月 1 日	39	19.8	0.6	59.3	15.9	3.1
	全生育期	4 月 3 日至 10 月 1 日	182	21.8	1.1	45.6	19.2	4.4
2018	生长初期	4 月 15 日至 6 月 10 日	57	18.1	1.4	39.7	17.0	4.5
	快速生长期	6 月 11 日至 7 月 5 日	25	24.3	1.1	56.6	22.5	5.1
	生长中期	7 月 6 日至 8 月 25 日	51	25.4	0.7	57.5	20.9	4.6
	生长后期	8 月 26 日至 10 月 1 日	37	19.5	0.7	55.0	16.2	3.1
	全生育期	4 月 15 日至 10 月 1 日	170	22.6	1.0	52.2	19.2	4.3

由表 5-1 可以看出,在生育期内苗期温度最低,随着棉花生长发育的进行,气温逐渐升高,在 6~8 月日均气温维持在 24 ℃左右,从 8 月末开始气温逐渐下降。2018 年棉花生育期内日均气温较 2017 年略有上升。每年的 4~5 月,时常有沙尘暴发生。试验地属极端干旱区,降雨稀少,2017 年累计降雨 48.2 mm,主要集中在 6~8 月,2018 年降雨量略有减少,为 41.8 mm,在各生育期降雨相对均匀。2017~2018 年累积 ET_0 为 784 mm、729.1 mm,日均 ET_0 分别为 4.4 mm/d、4.3 mm/d,两年间的日均 ET_0 接近,决定生育期累计 ET_0 大小的主要是生育期天数。总体而言,2017~2018 年各气象要素年间差异不大,说明试验气象条件稳定。

联合国粮农组织在世界范围内开展试验与调查,已给出了全球各地各种作物的作物系数参考值。通过确定的作物系数参考值计算来获取作物需水量,是一种较为简便的方法。但是 K_c 受气候、作物种类、灌溉方式以及其他田间管理措施条件的影响较大,因而在实际应用中需要根据实地条件,修正 K_c 参考值,以提高准确度。

作物系数在生长初期、生长中期和最后生育阶段分别被定义为 K_{c-ini}、K_{c-mid} 和 K_{c-end},

其值保持为常数,而作物系数 K_c 则呈线性变化。虽然 FAO-56 给定了不同作物在不同气候区的参考值,但实际应用中仍需根据当地的气候条件及作物生长状况对参考值进行调整,以提高估算精度。在对 K_{c-ini} 进行调整时,此时作物尚未出苗或植株极为弱小,蒸腾作物对土壤水分的消耗非常小,对土壤含水率的影响主要考虑湿润条件(灌溉和降雨)的频率。FAO 规定当单次灌溉或降雨量大于 10 mm 时,需要考虑由此带来的潜在蒸发的影响。在灌水量较小或降雨强度较低时,可以把 K_{c-ini} 看作是潜在蒸发强度和降雨或灌溉频率的函数。在确定 K_{c-mid} 值时,则需要根据当地的气象条件平均最小相对湿度、风速、生育阶段作物高度进行调整,具体的公式为

$$K_{c-mid} = K_{c-mid(Tab)} + [0.04(u_2 - 2) - 0.004(RH_{min} - 45)] \left(\frac{h}{3}\right)^{0.3} \quad (5-1)$$

式中　K_{c-mid}——根据当地气象条件调整后的作物系数;

　　　$K_{c-mid(Tab)}$——FAO-56 给定的标准条件下的参考值;

　　　u_2——2 m 高处的平均风速;

　　　RH_{min}——平均最小相对湿度;

　　　h——作物在生长中期的高度。

K_{c-end} 的调整公式与 K_{c-mid} 一致,使用的是生长后期对应的参数。表 5-2 为调整后的作物系数。

表 5-2　调整后的作物系数

作物系数		2017 年	2018 年	平均值
调整后的 FAO K_c [a]	$K_{c-FAO-ini}$	0.10	0.16	0.13
	$K_{c-FAO-mid}$	1.25	1.23	1.24
	$K_{c-FAO-end}$	0.59	0.59	0.59
调整后的 FAO K_c [b]	$K_{c-FAO-ini}$	0.16	0.26	0.21
	$K_{c-FAO-mid}$	1.00	0.98	0.99
	$K_{c-FAO-end}$	0.47	0.47	0.47

注:注释 a 将 FAO-56 给定的参考值,利用式(5-1),根据试验地气象条件(风速、相对湿度)和作物高度进行调整;
　　注释 b 将 FAO-56 给定的参考值,根据试验地气象条件(风速、相对湿度)、作物高度、覆膜和春灌进行调整。

表 5-2 中得两种 K_{c-FAO},分别是在未考虑覆膜影响和考虑了覆膜影响条件下确定的。有学者指出在覆膜条件下各个阶段的作物系数将减少 10% ~ 30%,研究中发现,在南疆气候条件下,取 20% 作为覆膜导致的作物系数减少幅度是一个比较合理的选择。此外,由于在播种前进行了春灌压盐提墒,大水漫灌导致苗期土壤含水率偏高,而播种前犁地,又将含水率较高的土层翻动到了表层,增大了土壤蒸发强度。在这种条件下,棉花生长初期的作物系数约为 K_{c-FAO} 的 2 倍,据此调整后的作物系数见表 5-2。

5.1.5　测定项目与方法

5.1.5.1　土壤含水率、含盐量及田间耗水量

在每个小区中选择一条具有良好代表性的滴灌带,在其正下方安装 EM50 土壤水分、

盐分自动监测系统,探头安装深度为 10 cm、20 cm、40 cm、60 cm 和 80 cm,并在每个生育阶段内用取土烘干法测定土壤含水率对仪器设备进行校正。盐分校正的方法为将测完土壤含水率的烘干土碾碎,取经 1 mm 筛网筛选的土样 20 g 于三角瓶中,再加入 100 mL 蒸馏水,振荡 5 min,静置 15 min 用滤纸过滤,制成水土质量比为 5∶1 的土壤水浸提液。用 DDB-303A 型(上海精科实业有限公司)便携式电导率仪测定浸提液电导率 E_c。田间耗水量 ET_c 用水量平衡法计算,ET_c 计算公式为

$$ET_c = I + \Delta W + P + G - D_P - R_0 \tag{5-2}$$

式中　　ET_c——棉田在一定时段内的腾发耗水,mm;

　　　　I——棉田在一段时段内获得的灌溉水补给量,mm;

　　　　ΔW——0.8 m 土层内土壤含水率在时段末相较于时段初的变化量,mm;

　　　　P——棉田获得的有效降雨补给量,mm;

　　　　D_P——时段内的深层渗漏量,mm;

　　　　G——地下水补给量,mm;

　　　　R_0——地表径流量,mm。

试验田地势平坦,没有地表径流的出现;地下水位埋藏较深,棉花自地下水获得的补给量可忽略不计;试验地的灌溉方式为滴灌,故深层渗漏也可忽略不计。

5.1.5.2　棉花生长发育指标

当棉花开始现蕾时,在 4 个处理的每个试验小区内选择具有较好代表性的 3 株棉花进行标记,每 10 d 测定一次株高,每 15 d 测定一次叶面积。株高用直尺测定,为地面到冠层自然顶部的高度;叶面积测定时,用直尺逐个量取标记棉株叶片的长度和最大宽度值,用"单叶面积=长×宽×0.75"计算各叶片的面积,然后将所有单叶面积值累加,得到单株叶面积。植株生物量每 15 d 测定一次,在各试验小区内随机选择 3 个具有较好代表性的棉株,连根拔起,除掉附带的土壤后,置于烘箱中在 105 ℃下杀青 30 min,之后调至 65 ℃烘干至恒重,取出称取棉株的总质量,分解后再测取棉株各组成部分的干物质质量。

5.1.5.3　棉花的产量与品质

停止灌水后,在棉花吐絮量达到 80% 时进行测产,测产时在每个小区内随机划定出 3个 2.33 m×2 m 大小的样方,摘取棉絮,并称量百铃质量、吐絮籽棉产量,记录已吐絮的铃数和未吐絮的铃数,再通过面积换算获取理论总产量值,对称量过的百铃进行脱籽处理,再称量以获得皮棉质量,计算棉花衣分率。按照中国纤维检验局组编的《棉花质量检验》中规定的方法,委托农业部棉花品质监督检验测试中心对棉花纤维品质进行测定,监测指标包括整齐度、纤维长度、马克隆值、断裂比强度和伸长度。

5.1.5.4　田间水分利用率 WUE_{ET} (kg/m) 和灌溉水利用效率 WUE_I (kg/m)

田间水分利用率 WUE_{ET} (kg/m) 和灌溉水利用效率 WUE_I (kg/m) 按如下公式分别进行计算:

$$WUE_{ET} = y/ET_c \tag{5-3}$$

$$WUE_I = y/I \tag{5-4}$$

式中　　y——脱籽后皮棉的产量,kg/hm²;

　　　　ET_c——棉田在生育期内消耗的水量,m³/hm²;

　　I——生育期内对棉田的灌溉水补给量,m³/hm²。

5.1.5.5　气象数据观测

　　气象信息由设置在试验田内的 HOBO 自动气象站记录,监测项目包括气温、太阳辐射、风速、风向、相对湿度、降水量等,每 10 min 记录一次。每天早上 8 时定时下载气象数据,然后利用相应的公式计算 ET_0、ET_c 和水分亏缺量,并计算确定自上次灌溉后的累计水分亏缺量。

5.2　不同灌溉模式对膜下滴灌棉田水盐环境的影响

5.2.1　不同灌溉模式灌水情况

　　棉花进入蕾期(2017 年 5 月 25 日,2018 年 6 月 11 日)后开始进行灌水处理,一直持续至花铃期结束(2017 年 8 月 24 日,2018 年 8 月 26 日)。T1、T2 和 T3 处理的第一水灌水日期为 2017 年 6 月 7 日、2018 年 6 月 16 日,采用单作物系数法计算水分累计亏缺量指导灌溉,T4 常规灌溉处理则为 2017 年 6 月 15 日、2018 年 6 月 11 日,灌水周期为蕾期 7 d,花铃期 5 d。蕾期由于作物系数 K_c 值较小,T1~T3 处理灌水时间间隔较长,灌水次数较少,2018 年蕾期两次灌水之间的时间间隔最长可达 10 d,花铃期随着气温的升高和作物生长发育的加强,耗水加快,灌水周期缩短,灌水次数增加。各处理灌水定额固定,灌水量的多少主要受灌水次数的影响,因气象要素稳定,各处理年际间灌水次数及总灌水量无差异。各处理的实际灌水情况汇总于表 5-3。

表 5-3　各处理的实际灌溉情况

年份	处理	灌水定额	灌水次数	总灌水量(mm)
2017	T1	24	11	264
	T2	30	11	330
	T3	36	11	396
	T4	40	14	560
2018	T1	24	11	264
	T2	30	11	330
	T3	36	11	396
	T4	40	14	560

5.2.2　不同灌溉模式下的土壤水分动态

　　由图 5-2 可以看出,由于播种前进行的春灌,播前(2017 年 4 月 3 日,2018 年 4 月 15 日)土壤含水率保持在较高水平,60 cm 以下体积含水率达到了 25% 以上,充足的底墒为种子发芽出苗提供了优越的环境,加上 4 月的气温比较稳定,出苗率超过了 90%。

　　取 0~40 cm 处不同深度测量值的算术平均值为主根区土壤平均含水率,生育期内各

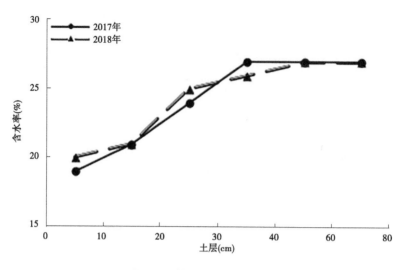

图 5-2　播种前土壤含水率

处理主根区的土壤含水率动态变化如图 5-3 所示。以 2017 年为例,各处理土壤含水率变化周期与灌水周期一致,每次灌水前都处于相对低值,灌水后显著增加。在蕾期,基于气象信息决策灌溉的三个处理土壤含水率的变化趋势一致,因灌水定额的不同,呈三种梯度,T3 最高,T1 最低,三种处理土壤含水率差别不大,随着灌水次数的增加,各处理间的土壤含水率差异逐渐增大。三个处理的灌前土壤含水率的相对低值在蕾期呈现出逐渐降低趋势,说明棉花消耗了一部分土壤储水量,也就是棉花的蒸散量要高于补给量,进入花铃期后开始上升,之后逐渐趋于稳定,说明蒸散量和补给量逐渐趋于平衡,这三个处理在蕾期和花铃前期均出现一次较大的波谷;T4 对照处理灌前土壤含水率的相对低值与其他三个处理呈现出不同的变化趋势,从蕾期到花铃期,先增大后减小,在花铃前期达到峰值,之后逐渐减小,并在花铃后期趋于稳定,出现这种情况的原因是蕾期和花铃后期棉花耗水较少,而花铃中期,耗水量大,且供水在这一时期也比较集中。

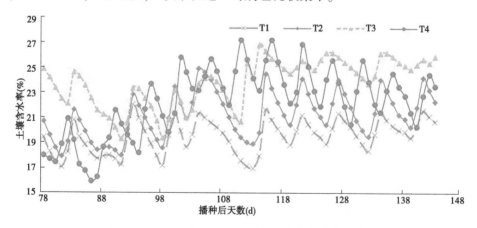

图 5-3　2017 年各处理主根区土壤含水率动态变化

2018 年,不同灌水模式之间因灌水周期不同,呈现出不同波动规律。常规灌溉模式的处理与 2017 年类似,进入花铃期后,因灌水周期的缩短,土壤含水率明显上升。基于气象信息决策灌溉的三个处理,土壤含水率波动周期一致,随着灌水次数的增加,处理间含水率差异逐渐增大。由图5-4中还可得知,采用常规模式灌溉的处理,其在花铃期两次土壤含水率的波峰间距要小于蕾期,这是由于灌水周期缩短造成的。相对的,基于气象信息决策灌溉的三个处理灌水时间间隔不稳定,但总体而言,随着气温的升高和植株的生长发育,棉田蒸腾上升,两次波峰之间的间隔随之减小。

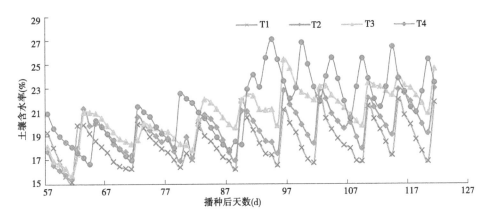

图 5-4　2018 年各处理主根区土壤水分动态变化

为了探究棉田土壤水分在垂直方向的分布规律,选取各灌水处理在蕾期、花铃前期和花铃后期的土壤体积含水率剖面分布情况,分析0～80 cm 土壤剖面水分的分布特征。图5-5、图5-6分别为2017 年、2018 年各处理棉田在各生育期土壤水分剖面图。以2017年为例,不同生育阶段各处理的土壤含水率剖面分布变化均呈现随着土层深度的增加而增大,在60 cm 处达到峰值后又逐渐减小的趋势。0～40 cm 土层土壤含水率的波动幅度较大,60 cm 以下土壤含水率变化幅度逐渐减小,在80 cm 处土壤含水率基本保持稳定。这主要是因为土壤持水性会随着黏粒的减少而降低,而且易于蒸发和被棉花根系吸收的水分主要集中在上层土壤。有学者在研究中发现膜下滴灌条件下,地表以下40 cm 土层范围集中了85%以上的根系,为棉花的主根区。T4 对照处理因灌水定额大、灌水间隔小,在花铃前期,0～60 cm 土层的土壤含水率要显著大于其他三个处理,而 T1～T3 处理在该土层的土壤含水率与灌水定额成正相关关系。

对2018 年棉田土壤含水率的变化规律与2017 年基本一致,即采用气象信息决策灌溉的三个处理土壤水分的变化趋势一致,波动周期与灌水周期一致。进入花铃前期后,采用常规模式灌溉的处理其各层土壤含水率与基于气象信息决策灌溉的三个处理的差异增大,这是常规灌溉处理灌水周期缩短造成的。各处理在土壤剖面上波动幅度随着土层深度的增加而逐渐降低,60 cm 处的土壤含水率在不同时期均处于最大值。土壤含水率因年际间气候及棉花生育期的不同,导致供水和耗水在年际间有差异,相应的年际间土壤水分变化过程也出现一定的差异。

5.2.3　不同灌溉模式下耗水规律

试验结果(见表5-4)表明,各处理的总耗水量及生育期内各阶段耗水量差异较大。

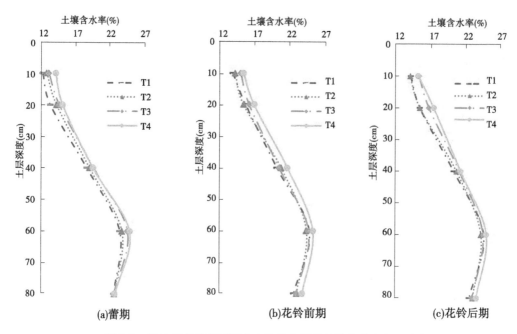

图 5-5　2017 年各处理不同生育阶段内平均土壤含水率剖面分布

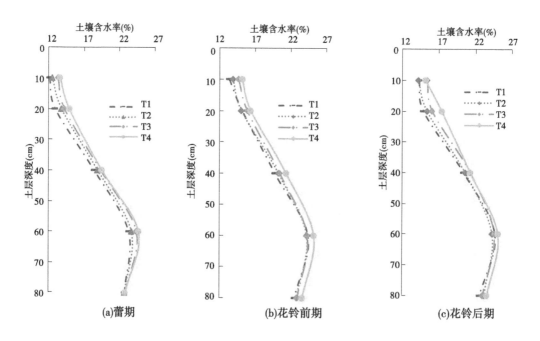

图 5-6　2018 年各处理不同生育阶段内平均土壤含水率剖面分布

以 2017 年为例,T4 作为对照处理,供水充分,其耗水量最大;T1 处理灌水量最小,耗水量也最小;其他处理耗水量在两者之间浮动。在棉花生育期的各阶段中,花铃期耗水量最大,蕾期次之,苗期由于植株弱小,蒸腾微弱,加之地面覆膜抑制了蒸发,所以耗水量最小。从各处理的棉花日耗水强度来看,随着气温的上升以及作物植株的增长,各处理的日耗水强度也逐渐增大,2017 年蕾期各处理耗水强度在 3.02~4.58 mm/d;进入花铃期后,植株生长越发旺盛,营养生长和生殖生长同时进行,对水分的消耗量达到了最大,其日耗水强度值在 3.73~6.78 mm/d,花铃期是棉花需水的高峰期,此时充足的土壤水分对于保蕾、成铃起到至关重要的作用。从土壤水的供需关系来看,尽管苗期耗水较少,但由于苗期不进行灌溉,降水稀少,耗水量仍远大于补给量。而播种前进行的春灌,使土壤储水充足,在没有灌水及降雨补给的情况下,棉花苗期的生长发育得到了保障。进入蕾期后,T1、T2 和T3 处理的灌溉补给量还不能满足其耗水需求,仍需土壤储水的补给。进入花铃期后由于灌水次数的增加,供大于求,T2 处理土壤储水均得到了一定的补充。

表 5-4　各处理耗水规律

年份	处理	蕾期			花铃前期			花铃后期			总耗水量 (mm)
		灌水量 (mm)	耗水量 (mm)	耗水强度 (mm/d)	灌水量 (mm)	耗水量 (mm)	耗水强度 (mm/d)	灌水量 (mm)	耗水量 (mm)	耗水强度 (mm/d)	
2017	T1	48d	93.62c	3.02c	72d	78.6d	3.93b	120d	145.47c	3.73c	317.69c
	T2	60c	95.17c	3.07c	90c	87.4c	4.37b	180c	176.82b	4.53b	59.39c
	T3	72b	107.57b	3.47b	108b	124.4b	6.22a	150b	187.59b	4.81b	419.56b
	T4	120a	141.98a	4.58a	160a	135.6a	6.78a	280a	260.13a	6.67a	537.71a
2018	T1	72d	80b	3.2b	72d	80.2c	4.01b	120d	122.76d	3.96d	282.96c
	T2	90c	81.25b	3.25b	90c	87.2b	4.36b	150c	150.97c	4.87c	319.42c
	T3	108b	88a	3.52a	108b	112.4a	5.62a	180b	177.94b	5.74b	378.34b
	T4	120a	91a	3.64a	120a	114.6a	5.73a	320a	215.76a	6.96a	421.36a

注:同列不同字母表示处理间差异显著($p<0.05$)。

　　2018 年的棉花生育期耗水情况与 2017 年类似,各处理日耗水强度随着气温的升高和植株生长发育而上升,在各生育阶段中,花铃期耗水占比最高。T1~T3 处理因灌水定额相对较低,在生育期内不时有水分亏缺现象的发生,T1 因灌水定额最小,在全生育期内灌溉量均小于耗水量。T4 对照处理灌水定额大,灌水次数多,在全生育期内均处于供过于求的状态,其中在花铃后期灌水量比耗水量多了近 105 mm。

5.2.4　不同灌溉模式下土壤盐分动态变化

　　不同水分处理下棉花各生育期土壤盐分情况见图 5-7、图 5-8。以 2017 年为例,播种前采用大水漫灌的方式进行压盐提墒,这使得苗期土壤盐分含量处于较低水平。进入蕾期后开始灌水,在 0~20 cm 的土层中 T1 处理因灌水量较小,盐分含量均显著高于 T3、T4 处理,分别高了 21.4%、18.8%,T1 和 T2 处理间无显著性差异。20~40 cm 处土层,基于气象信息决策灌溉的三个处理的土壤盐分表现为:T3<T2<T1,其中 T3 处理土壤盐分显著低于 T1、T2 处理,而在 40~60 cm 土层,T3 处理又高于 T1、T2 处理,这是因为 T3 处理灌水定额大,盐分向主根区以下运移。60~80 cm 处 T1、T2、T3 处理间土壤含盐量无显著差异。T4 处理灌水定额最大,在主根区含盐量最低。花铃前期,在棉花主根区,T1~T3 处理土壤含盐量比蕾期分别降低了 0.7%、7.5%、3.9%,在 40~60 cm 处土层,T1、T2 处理的土壤含盐量较蕾期有所增加,T3、T4 处理有所下降。造成这种现象的原因可能是较大的灌水量逐渐将表层土壤当中的盐分压向土壤深处。花铃后期,随着灌水间隔的增大,T1~T3 处理在 0~40 cm 处的土壤含盐量又有所上升,T4 处理因灌水定额和灌水周期不变,各层土壤含盐量与之前相比均有所下降。T4 处理蕾期和花铃期土壤含盐量的变化说明灌水周期的长短与土壤盐分的累计有一定关系,灌水周期越短,越有利于土壤脱盐。T1~T3 处理棉田土壤盐分的变化表明灌水定额越大,越易将土壤表层盐分带入深层,表层土壤盐分随水分向深层迁移的速度越快,越有利于表层土壤脱盐。棉花的主根区在 0~40 cm 处,T3、T4 处理在主根区土壤含盐量最低,且无显著差异。尽管在 40~80 cm 处 T4 处理的土壤含盐量更低,但因棉花根系主要集中在 0~40 cm 处,故对棉花水分吸收影响较小。

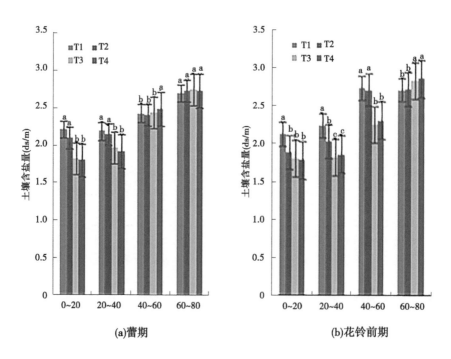

(a)蕾期　　　　　　　　　　　(b)花铃前期

图 5-7　各处理不同生育阶段内平均土壤盐分剖面分布(2017 年)

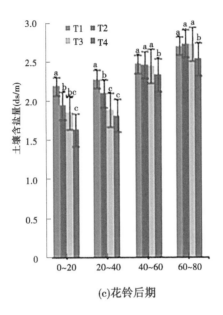

(c)花铃后期

续图 5-7

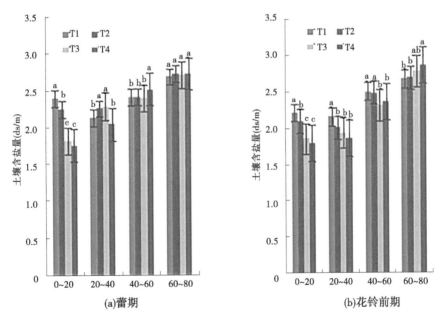

(a)蕾期　　　　　　　　　　　　(b)花铃前期

图 5-8 各处理不同生育阶段内平均土壤盐分剖面分布 (2018 年)

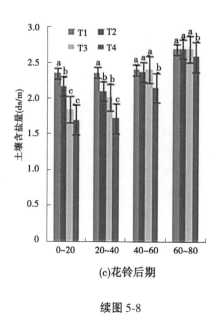

(c)花铃后期

续图 5-8

5.3　不同灌溉模式对棉花生长发育的影响

5.3.1　不同灌溉模式对株高的影响

株高是作物生理指标之一,可以在一定程度上反映作物的生长特性,图 5-9 给出了 2017~2018 年不同处理下棉花株高在生育期内的生长情况。在 2017 年,T1~T3 处理在棉花生育期内,株高的生长过程基本一致,前期增长缓慢,在播种 85 d 后,进入快速生长期,至 96 d 时棉花已经打顶,生长基本停止。而 T4 处理的快速生长期要比他三个处理提前,在播种 64 d 后其株高日增长量就达到了 1.19 cm/d,至播种后 85 d,T4 处理的株高长至 51.4 cm,其他三个处理均略低于它,T1 处理最低,47.84 cm。相比于对照处理,基于气象信息决策灌溉的三个处理,前期灌水定额小,灌水时间间隔长,棉花植株生长发育缓慢。在 T1~T3 处理间,因灌水定额最小,T1 的株高及株高日增长量显著低于 T2 和 T3 处理。T2 和 T3 处理虽有灌水定额差异,但自第一次灌水之后,两个处理间的株高没有明显差异。说明较高的灌水定额虽有助于棉花生长速度的提高,但单纯的提高灌水定额对棉花生长的促进作用有限。

2018 年播种后 50 d 由于尚未进行灌溉处理,各处理株高无显著差异,播种后 60 d,T4 处理完成了第一次灌溉,进入了快速生长期,其株高的增长量显著大于尚未进行灌溉的其他三个处理。播种后 70 d 时,T4 处理株高达到了 53.12 cm,而 T1 处理仅为 44.33 cm。此后由于 T1~T3 处理株高日增长量的上升和 T4 处理株高日增长量的下降,对照处理与其他三个处理株高差距逐渐缩小。T1~T3 处理在全生育期内,株高的增长趋势相同,因灌水定额的不同而呈现出三种梯度,T3>T2>T1,差距逐渐拉大,在播种后 85 d,各处理株高的增长基本停止,T3、T4 处理无显著差异,且显著大于 T1、T2 处理,与 2017 年的试验结果相似。

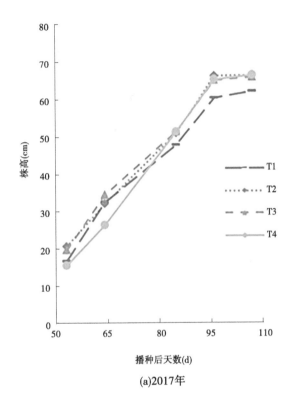

(a)2017年

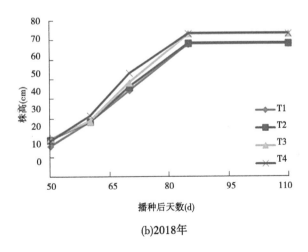

(b)2018年

图 5-9　不同处理下株高变化过程

5.3.2　不同灌溉模式对叶面积的影响

　　苗期未进行灌水处理,各处理的出苗率接近,棉花密度相同时,单株叶面积的变化规律和叶面积指数一致。图 5-10 是 2017~2018 年各处理在生育期内单株棉花叶面积的生长和变化情况。可以看出,单株叶面积在棉花生育期内呈现出先增大后减小的趋势。T1~T3 处理的叶面积增长趋势基本一致,而 T4 作为对照处理,随着棉花的生长发育与其他三个处理的差异逐渐增大。2017 年,播种 85 d 后 T4 处理的叶面积相比与 T1~T3 分别低了 43.2%、51.9%和 29.5%。播种后 105 d 依据气象信息指导灌溉的 T1~T3 处理叶面积达到峰值,且灌水定额越高,叶面积越大。而对照处理 T4 则相对滞后,在播种 120 d 后才达到峰值。说明传统灌溉方式的高灌水定额、短周期持续促进了棉花的生长,使棉花生育阶段延长,发育滞后。2018 年在播种后 70 d,T4 处理与其他三个处理的差异达到最大值,之后又逐渐减小。播种后 105 d,T4 处理与 T3 处理无显著差异。

　　从图 5-10 还可知,同一生育期,由于受灌溉量、蒸腾、降雨等因素的影响,同一处理棉花的单株叶面积在年际间呈现出一定差异。以蕾期为例,2018 年 T4 处理在蕾期的灌水量要显著高于 2017 年灌水量,至蕾期末,2018 年该处理的单株叶面积比 2017 年高了 19.4%,同一时期 T3 处理由于在年际间灌水量差异较大,在 2018 年的单株叶面积比 2017 年低了 33.8%。

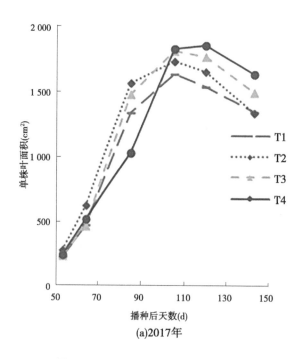

(a)2017年

图 5-10　不同处理下叶面积变化过程

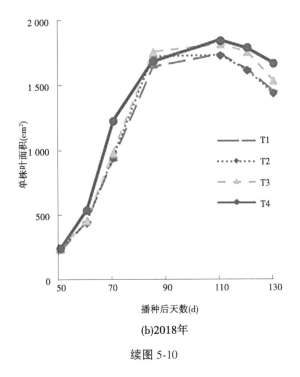

(b)2018年

续图 5-10

5.3.3　不同灌溉模式对棉花干物质量的影响

不同灌水处理的棉花地上干物积累量如图 5-11 所示。可以看出,随着棉花的生长发育,植株茎干重、蕾铃干重、地上部干物质总量均不断增加。蕾期,2017 年各处理地上部干物质总量差异并不显著,2018 年 T4 处理在该生育期灌水量最大,其地上干物质总量显著大于其他三个处理。进入开花期后蕾铃干重的增长极为显著,2017 年、2018 年 T1 处理蕾铃干重较蕾期分别增加了 475.6% 和 396.7%。自开花期至盛花期基于气象信息决策灌溉的三个处理干物质总量与灌水定额的大小呈负相关关系,T1、T2 处理干物质总量及蕾铃干物质量显著高于 T3 处理,这是由于低灌水定额造成的一定程度的水分亏缺,棉花营养生长受阻,提前进入生殖生长导致的。相对的,2017 年盛花期,T4 处理蕾铃占地上干物质的比例为 47.80%,显著低于 T1 处理的 57.7%,此时对照处理的营养生长依然旺盛。随着棉花的生长发育,植株生殖生长所占比例不断提高,光合产物向生殖器官运输累积,茎、叶对干物质总量的影响不断减少,蕾铃的影响迅速上升,在盛花期,2017 年 T3、T4 处理蕾铃干重较盛蕾期分别增长了 515.2%、744.9%,盛铃期各处理蕾铃占干物质总量的比例均达到了 60% 以上,其中 T1 ~ T3 处理干物质总量与灌水定额呈正相关关系,T1<T2<T3,说明较高的灌水定额可以显著增加光合产物的合成与积累。T4 处理 2017 ~ 2018 年干物质总量分别为 146.19 g/珠、145.34 g/株,与 T3 无显著差异。

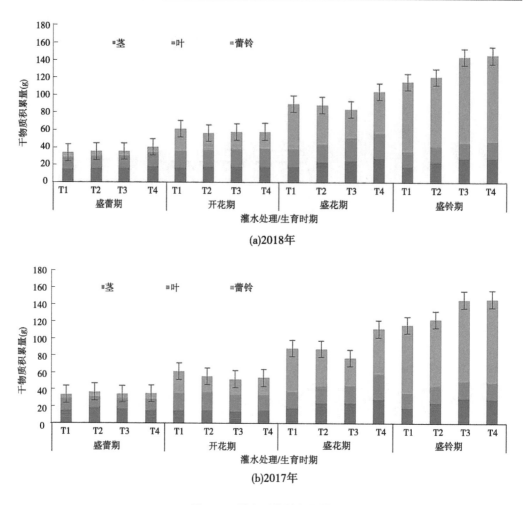

(a)2018年

(b)2017年

图 5-11　地上干物质积累量

5.3.4　不同灌溉模式对棉花产量的影响

由表 5-5 可以看出,各处理单铃重差异不大,其中 2018 年各处理间单铃重无显著差异,说明试验设置的四种灌水处理对单铃重的影响较小。从衣分率来看,T1 处理在两年间一直维持在最高水平,这是因为 T1 处理灌水定额小,棉花的生长受到水分胁迫,棉花易早熟,提前吐絮,纤维成熟度较高,衣分率随之增加。在 2017 年 T1 处理的衣分率较 T3 处理高了 5.7%。与之相对的,T4 处理由于灌水充足,导致棉花营养生长期延长,吐絮时间推迟,衣分率降低,其中 2018 年仅为 43.58%。

从表 5-5 中还可知,各处理的产量构成要素在年际间存在很大差异。2017 年各处理的产量指标均优于 2018 年。造成这种现象的原因是 2018 年播种时间较晚,加之播种后频繁出现阴雨天气,日照时数明显小于 2017 年。从籽棉产量来看,相比于 2017 年,2018 年 T1、T2、T3、T4 处理产量分别下降了 10.59%、12.72%、14.14%、15.18%,在不同的年份中,均是 T4 对照处理籽棉产量最高,基于气象信息决策灌溉的三个处理籽棉产量随着灌水定额的增加而增加,其中灌水定额最高的 T3 处理,在 2017~2018 年籽棉产量仅比 T4

处理分别低了 2.45%、1.19%。因灌水增加对棉花增产效应有限,各处理的灌溉水利用率随着灌水量的增加而降低,常规灌溉处理 T4 的灌溉水利用率和 *WUE* 值均处于最低水平,而在剩余的处理中,尽管 T3 处理的灌溉水利用率是最低的,但仍高于 T4 处理。这说明基于气象信息决策灌溉的方式,可以在保证产量的前提下提高灌溉水利用率。

表 5-5　不同处理对棉花产量和灌溉水利用率的影响

年份	处理	单铃重（g）	籽棉产量（kg/hm²）	衣分率（%）	灌溉水利用率（kg/m²）	WUE [kg/(m³ · hm²)]
2017	T1	5.04b	5 945.25c	47.79a	1.03a	0.75a
	T2	6.05a	6 626.70b	44.60b	0.90ab	0.78a
	T3	5.87ab	7 072.05a	45.20ab	0.81b	0.73a
	T4	6.08a	7 245.28a	45.55a	0.59c	0.66b
2018	T1	5.67b	5 315.37c	47.60a	0.92a	0.86a
	T2	5.62a	5 783.57b	45.35ab	0.77b	0.80ab
	T3	5.54a	6 072.05a	44.18b	0.70b	0.73b
	T4	5.59a	6 145.28a	43.58b	0.52c	0.69b

注:同列不同字母表示处理间差异显著($p < 0.05$)。

5.3.5　不同灌溉模式对棉花品质的影响

不同灌水处理棉花纤维品质见表 5-6,可以看出各处理棉花纤维上半部平均长度随灌水量的增加而略有增加,2017 ~ 2018 年 T3 处理上半部平均长度比 T1 处理分别高了 10.5%、6.8%,相反地,马克隆值随着灌水量的增加而略有减小,但差异并不明显。各处理间整齐度、伸长率和断裂比强度差异并不明显,受灌水量影响较小。由此可知,不同灌水处理下棉花的各项纤维品质指标的差别并不大,棉花品质主要还是受品种的影响。

表 5-6　不同灌水处理棉花纤维品质指标

年份	处理	上半部平均长度（mm）	整齐度（%）	马克隆值	伸长率（%）	断裂比强度(cN/tex)
2017	T1	25.57b	83.73a	4.84a	4.97a	25.41a
	T2	27.68ab	82.57a	4.80a	4.80a	24.63a
	T3	28.26a	82.16a	4.77a	4.70a	24.96a
	T4	28.43a	81.42a	4.70a	4.90a	24.79a
2018	T1	26.41a	83.20a	4.95a	5.03a	27.43a
	T2	27.99a	82.17a	4.93a	5.21a	27.27a
	T3	28.22a	81.70a	4.85a	5.33a	27.80a
	T4	28.32a	81.10a	4.67a	5.27a	26.83a

注:同列不同字母表示处理间差异显著($p < 0.05$)。

5.4 膜下滴灌棉田蒸散量的精准估算

5.4.1 单作物系数法计算结果分析

准确计算腾发量是基于气象信息决策灌溉的关键点之一,试验地缺少实测数据,故采用单作物系数法来计算棉田的蒸散量。该方法计算的棉田腾发量与基于水量平衡计算的实测 ET 值如图 5-12 所示。由图 5-12 可知,采用单作物系数法计算的 ET_c 与实测值的变化趋势基本一致,但数值之间存在较大的偏差。

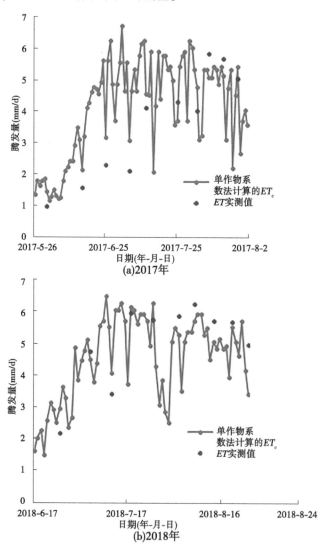

图 5-12 单作物系数法计算 ET_c 值和腾发量实测值

采用以下统计参数检验单作物系数法的计算结果:

回归系数 b：

$$b = \frac{\sum\limits_{i=1}^{m} O_i \times P_i}{\sum\limits_{i=1}^{m} O_i^2} \qquad (5-5)$$

一致性指数 d：

$$d = 1 - \frac{\sum\limits_{i=1}^{m} (O_i - P_i)^2}{\sum\limits_{i=1}^{m} (|P_i - \bar{P}| + |O_i - \bar{O}|)^2} \qquad (5-6)$$

模型有效性系数 EF：

$$EF = 1 - \frac{\sum\limits_{i=1}^{m} (O_i - P_i)^2}{\sum\limits_{i=1}^{m} (O_i - \bar{O})^2} \qquad (5-7)$$

式中　O_i 和 P_i ——第 i 实测值和预测值；

　　　$\bar{O}$ —— O_i 的平均值（$i = 1, 2, \cdots, m$）；

　　　$\bar{P}$ —— P_i 的平均值（$i = 1, 2, \cdots, m$）。

分析结果见表 5-7。由表 5-7 可知，单作物系数法计算 ET_c 值与实测 ET_c 值之间拟合度较低，2017~2018 年决定系数分别为 0.810、0.680，回归系数为 0.959、1.029；计算结果与实测值之间误差较大，均方根误差分别为 0.662、0.670；模型一致性与有效性指数较低，分别为 0.608、0.578，说明采用单作物系数法计算 ET_c 值准确性较低。

表 5-7　实测作物腾发量与单作物系数法计算 ET_c 之间参数统计

年份	回归系数 b	决定系数 R^2	均方根误差 $RMSE$（mm/d）	模型有效性指数 EF	模型一致性指数 d
2017	0.959	0.810	0.662	0.608	0.949
2018	1.029	0.680	0.670	0.578	0.900

5.4.2　双作物系数模型模拟

5.4.2.1　模型参数率定

SIMDual_Kc 模型可通过比较基于水量平衡计算的实测 ET 与模拟 ET_c 来调整参数，通常是先调整土壤参数，再调整作物参数，直到模拟值和实测值比较接近。采用基于气象信息决策模式下最优灌水组合 T3 处理 2017 年的试验数据进行模拟，再用其 2018 年数据进行验证，模型初始的参数和调整后的参数结果如表 5-8 所示。率定得到的 K_{cb-ini} 为 0.2，比 FAO-56 给定的参考值 0.15 大。这是因为 K_{cb-ini} 对灌溉非常敏感，而试验点在播种前通常会进行一次春灌,以改善土壤墒情,使得土壤蒸发变大而导致的。

表 5-8　模型参数初始值和率定值

参数值		初始值	率定值
作物系数	K_{cb-ini}	0.15	0.20
	K_{cb-mid}	1.15	1.15
	K_{cb-end}	0.50	0.58
消耗比率	P_{ini}	0.50	0.55
	P_{mid}	0.50	0.55
	P_{end}	0.50	0.55
土壤蒸发	$REW(mm)$	5	5
	$TEW(mm)$	25	38
	$Z_e(cm)$	10	15

5.4.2.2　模型模拟结果与验证

模型模拟的 2017 年膜下滴灌棉田蒸散发和实测 ET_c 的值如图 5-13 所示。2017 年作物腾发量与实测值对比见图 5-14。由图 5-14 可知,模型模拟 ET_c 值与实测 ET_c 值之间拟合度较高,决定系数为 0.895,回归系数为 1.084;两者误差较小,均方根误差仅为 0.151;模型一致性与有效性指数分别为 0.975、0.904,非常接近 1,说明该模型可以准确预测 ET_c。

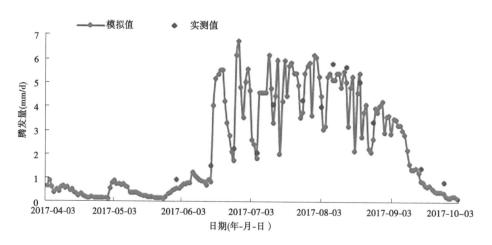

图 5-13　2017 年作物腾发量变化过程的模拟值和实测值

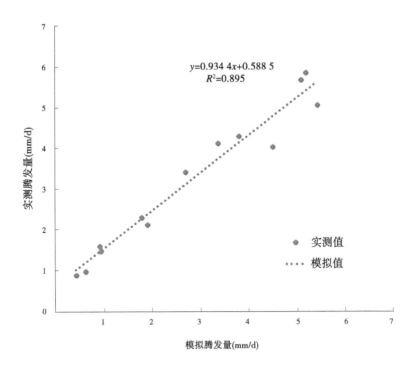

图 5-14　2017 年作物腾发量与实测值对比

将 2017 年率定的参数(见表 5-9)用于 2018 年棉花数据模型验证中(见图 5-15),验证结果显示实测 ET_c 与模拟 ET_c 一致性良好(见图 5-16),回归系数接近于 1,决定系数 0.911,$RMSE$ 为 0.602;模型一致性指数 d 接近于 1。这说明实测值与模拟值拟合较好,用率定的参数来模拟棉花水量平衡时精确度较高,该模型可用于预测棉花耗水量。

表 5-9　实测作物腾发量与模拟作物腾发量之间参数统计

年份	回归系数 b	决定系数 R^2	均方根误差 $RMSE$(mm/d)	模型有效性 指数 EF	模型一致性 指数 d
2017 (率定)	1.084	0.895	0.151	0.904	0.975
2018 (验证)	1.111	0.911	0.602	0.904	0.976

通过 2017 年及 2018 年南疆膜下滴灌棉花实测作物需水量与模型模拟值之间的对比和验证表明:SIMDual_Kc 双作物系数模型模拟南疆棉田腾发量的精度要高于单作物系数法,采用该模型可以比较准确地模拟南疆地区棉花需水量。

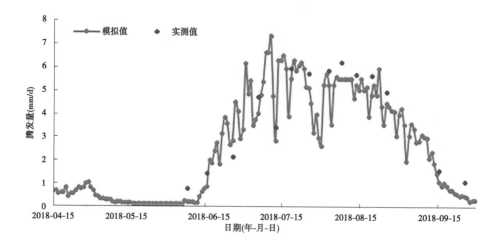

图 5-15　2018 年作物腾发量变化过程的模拟值和实测值

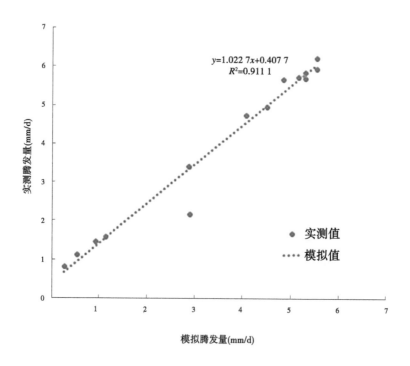

图 5-16　2018 年作物腾发量与实测值对比

5.5　基于 DSSAT 模型的南疆膜下滴灌棉花生长及产量模拟

5.5.1　DSSAT-CROPGRO 模型数据库

5.5.1.1　气象数据库

模型所需的气象数据主要包括逐日太阳辐射（MJ/m^2）、逐日最高气温（℃）、逐日最低气温（℃）和降雨量（mm）。气象数据由试验站安装的 HOBO 小型气象站提供。

5.5.1.2　土壤数据库

土壤数据库通过模型提供土壤数据操作模块 Sbuild 来进行输入管理，模型运行时自动调用。本试验所需土壤数据主要来自田间试验实测数据，有效根系土层取 1 m，分为 5 层：0~20 cm、20~40 cm、40~60 cm、60~80 cm、80~100 cm，每层土壤物理特性参数均为试验前测定。土壤粒径用 TopSizer 激光粒度分析仪测定，田间持水率为田测法测定，凋萎系数用高速离心法测定，用环刀法测定饱和含水率和土壤容重，种植前和生育期定期测定土壤含水率。其他输入参数如土壤名称、排水情况、反射率等由中国土壤数据库获得。土壤物理参数见表 2-1。

5.5.1.3　田间管理数据库

田间管理数据主要包括播种日期、种植密度及深度、灌溉日期及灌水量、施肥日期及施肥量等，本书田间管理数据由 2017 年和 2018 年田间棉花试验提供。

1）大田试验基本资料

棉花品种为"新陆中 46"，2017 年棉花试验播种时间为 2017 年 4 月 3 日，播种密度为 30 株/m^2，定苗后密度为 1.6 万株/亩，出苗时间为 4 月 13 日，5 月 25 日苗期结束，进入蕾期，6 月 25 日进入花铃前期，7 月 18 日进入花铃后期，8 月 23 日进入吐絮期，至 10 月中下旬收完棉花。2018 年棉花播种时间为 2018 年 4 月 15 日，播种密度为 30 株/m^2，定苗后密度为 1.36 万株/亩，出苗时间为 4 月 25 日，6 月 11 日苗期结束，进入蕾期，7 月 6 日进入花铃前期，7 月 20 日进入花铃后期，8 月 26 日进入吐絮期，至 10 月底收完棉花。

2）灌溉数据

2017 年和 2018 年棉花试验灌溉数据见表 5-10 和表 5-11。

表 5-10　2017 年棉花试验灌溉数据

生育期阶段	灌水日期	灌水定额（mm）		
蕾期	6 月 7 日	24	30	36
	6 月 17 日	24	30	36
	6 月 23 日	24	30	36

续表 5-10

生育期阶段	灌水日期	灌水定额(mm)		
花铃前期	7月3日	24	30	36
	7月10日	24	30	36
	7月14日	24	30	36
花铃后期	7月25日	24	30	36
	7月31日	24	30	36
	8月6日	24	30	36
	8月13日	24	30	36
	8月20日	24	30	36
合计		264	330	396

表 5-11　2018 年棉花试验灌溉数据

生育期阶段	灌水日期	灌水定额(mm)		
蕾期	6月16日	24	30	36
	6月26日	24	30	36
	7月6日	24	30	36
花铃前期	7月13日	24	30	36
	7月19日	24	30	36
	7月26日	24	30	36
花铃后期	8月3日	24	30	36
	8月8日	24	30	36
	8月14日	24	30	36
	8月20日	24	30	36
	8月26日	24	30	36
合计		264	330	396

3）施肥数据

2017 年和 2018 年棉花试验施肥数据见表 5-12 和表 5-13。

表 5-12　2017 年棉花试验施肥数据

生育期阶段	施肥日期	施肥类型	施肥量（kg/hm²）
蕾期	6 月 23 日	尿素	150
花铃前期	7 月 3 日	滴灌专用肥（N∶P∶K=18∶12∶13）	150
	7 月 10 日	滴灌专用肥（N∶P∶K=18∶12∶13）	150
	7 月 14 日	滴灌专用肥（N∶P∶K=18∶12∶13）	150
花铃后期	7 月 25 日	滴灌专用肥（N∶P∶K=18∶12∶13）	150
	7 月 31 日	滴灌专用肥（N∶P∶K=18∶12∶13）	150
	8 月 6 日	滴灌专用肥（N∶P∶K=18∶12∶13）	150
	8 月 20 日	滴灌专用肥（N∶P∶K=15∶20∶20）	150

表 5-13　2018 年棉花试验施肥数据

生育期阶段	施肥日期	施肥类型	施肥量（kg/hm²）
蕾期	6 月 26 日	尿素	150
花铃前期	7 月 6 日	滴灌专用肥（N∶P∶K=18∶12∶13）	150
	7 月 13 日	滴灌专用肥（N∶P∶K=18∶12∶13）	150
	7 月 19 日	滴灌专用肥（N∶P∶K=18∶12∶13）	150
花铃后期	7 月 26 日	滴灌专用肥（N∶P∶K=18∶12∶13）	150
	8 月 3 日	滴灌专用肥（N∶P∶K=18∶12∶13）	150
	8 月 8 日	滴灌专用肥（N∶P∶K=18∶12∶13）	150
	8 月 20 日	滴灌专用肥（N∶P∶K=15∶20∶20）	150

5.5.1.4　田间观测数据库

用 DSSAT 里的试验数据模块的（Experiment Data）来输入试验数据,试验观测数据分为两种类型:一种是随时间变化的观测数据,如株高、叶面积和生物量等,这些观测数据作为 T 文件输入模型;另一种是只有最终结果的观测数据,如物候期、产量、收获时生物量、粒重等,这些观测值作为 A 文件输入模型中。

5.5.2　模型校正和验证

5.5.2.1　模型校正

模型应用的一个必要前提就是对模型进行校准与验证,以保证模拟精度和可靠性,因为不同的模型参数会得到不同的输出结果。模型校正可以采用试错法手动调整几个特定参数,然后比较模拟值和实测值来评价模型,其结果带有很强的主观性。普遍可靠的方法是将田间实测数据分为两部分,一部分用来校准,一部分用来验证,一般采用无胁迫的处理进行模型参数校正。DSSAT – CROPGRO 模型采用模型自带的 GLUE(generalized likelihood uncertainty estimation)参数调试程序包进行遗传参数率定。

本研究选取 2017 年棉花试验数据进行参数校正,2018 年试验数据用于进行模型的验证和评估。选用多种统计方法作为验证和评价指标来评价模型校正和验证结果的可靠性,包括决定系数 R^2(correlation coefficient)、均方根误差 $RMSE$(root mean square error)、相对均方根误差 $NRMSE$(normalized root mean square error)和绝对相对误差 ARE(absolute relative error)。ARE 是指模型模拟值偏离实测数据的绝对相对平均程度,其值越大,表明模拟值越偏离实测值。决定系数 R^2 反映模拟值与实测值的一致性,其值越接近 1,说明模拟效果越好。$RMSE$ 和 $NRMSE$ 的值越小,表明模拟值与实际观测值的偏差越小,两者的一致性越好,模型的模拟结果越准确可靠。一般认为,$NRMSE<10\%$,为极好;$10\% \leqslant NRMSE<20\%$,为好;$20\% \leqslant NRMSE<30\%$,为中等;$NRMSE \geqslant 30\%$,为差。各指标计算如式(5-8)~式(5-11)所示。

$$ARE = \frac{|S_i - O_i|}{O_i} \times 100\% \tag{5-8}$$

$$R^2 = \frac{\left[\sum\limits_{i=1}^{n}(O_i - \bar{O}) \times (S_i - \bar{S})\right]^2}{\sum\limits_{i=1}^{n}(O_i - \bar{O})^2 \times \sum\limits_{i=1}^{n}(S_i - \bar{S})^2} \tag{5-9}$$

$$RMSE = \sqrt{\frac{1}{n}\sum\limits_{i=1}^{n}(S_i - O_i)^2} \tag{5-10}$$

$$NRMSE = \frac{RMSE}{\bar{O}} \times 100\% \tag{5-11}$$

式中　S_i 和 O_i——模拟值和观测值;

　　$\bar{O}$——实测平均值;

　　n——样本数。

遗传参数的确定即作物品种参数的校正,是 DSSAT–CROPGRO 模型本地化应用的首要工作。本研究利用 2017 年三个处理的试验数据,以棉花的物候期(开花期和成熟期)、最终生物量和籽棉产量作为模型输出变量进行参数校正,以开花期、成熟期、产量和收获期生物量的绝对相对误差(ARE)最小为最佳参数标准,最终确定作物品种参数,如表 5-14 所示。

表 5-14　棉花品种遗传参数

参数	描述	单位	取值范围	取值
$CSDL$	临界光周期	h	23	23.00
$PPSEN$	光周期敏感系数		0.01	0.01
$EM - FL$	出苗到初花期的光热时间	pdt	29~45	42.63
$FL - SH$	初花期到第一个棉铃产生的光热时间	pdt	10~30	15.36

续表 5-14

参数	描述	单位	取值范围	取值
FL - SD	初花期到第一个籽粒产生的光热时间	pdt	12~18	17.89
SD - PM	第一个籽粒产生到生理成熟的光热时间	pdt	40~54	41.64
FL - LF	初花期到叶片停止扩展的光热时间	pdt	70~80	79.42
LFMAX	最适条件下叶片最大光合速率	$mgCO_2/(m^2 \cdot s)$	0.95~1.15	1.136
SLAVR	比叶面积	cm^2/g	170~250	171.80
SIZIF	单叶面积	cm^2	170~230	187.90
XFRT	每日分配给棉铃的干物质量的最大比例	%	0.5~0.9	0.87
WTPSD	籽粒最大质量	g	—	0.18
SFDUR	种子填充棉铃仓的持续时间	pdt	30~40	33.36
SDPDV	正常条件下单个棉铃平均籽粒数	#/pod	20~27	26.46
PODUR	最优条件下最终棉铃负载所需时间	pdt	5~15	6.019
THRSH	籽棉质量与棉铃质量的比	%	70~80	72.08
SDPRO	籽粒中蛋白质含量	g/g	0.153	0.153
SDLIP	籽粒中油脂含量	g/g	0.12	0.12

5.5.2.2　模型验证

将率定好的遗传参数输入模型后,对棉花物候期、产量和生物量的校正和验证结果如表 5-15 所示。可以看出,模型对于校正处理各项指标的模拟值与实测值吻合度较好,其中开花期、成熟期、生物量和籽棉产量模拟值与实测值的 ARE 分别为 0、2.74、10.97 和 9.02。验证处理开花期、成熟期和籽棉产量的模拟值与实测值较为吻合,而生物量的模拟结果与实测值偏大。总之,模型能很好地模拟棉花开花期和成熟期,并能反映出不同水分处理对于棉花物候期的影响。棉花对于水分充足的处理模拟结果较好,其 ARE 值均小于10,而对于水分胁迫处理,其模拟值与实测值偏差较大。相比物候期和籽棉产量,生物量的模拟结果偏差较大,可能是因为棉花整枝和打顶等田间管理措施的影响,致使生物量的模拟结果不太理想。

表 5-15　DSSAT-CROPGRO 模型的校正和验证结果

年份	灌水定额（mm）	开花期			成熟期			生物量（kg/hm²）			籽棉产量（kg/hm²）		
		Sim.	Obs.	ARE	Sim.	Obs.	ARE	Sim.	Obs.	ARE	Sim.	Obs.	ARE
2017（校正）	24	83	83	0	187	195	4.10	12 866	12 528	2.70	4 770	5 645	15.50
	30	83	83	0	197	195	1.03	13 266	16 371	18.97	6 462	6 637	2.64
	36	83	83	0	201	195	3.08	14 025	15 803	11.25	6 564	6 026	8.93
	均值			0			2.74			10.97			9.02

续表 5-15

年份	灌水定额（mm）	开花期			成熟期			生物量（kg/hm²）			籽棉产量（kg/hm²）		
		Sim.	Obs.	ARE	Sim.	Obs.	ARE	Sim.	Obs.	ARE	Sim.	Obs.	ARE
2018（验证）	24	78	82	4.88	185	188	1.60	10 028	15 878	36.84	3 448	4 690	26.48
	30	78	82	4.88	192	188	2.13	12 415	17 122	27.49	5 374	5 124	4.88
	36	78	82	4.88	194	188	3.19	13 471	18 876	28.63	6 067	5 655	7.29
	均值			4.88			2.30			30.99			12.88

注：ARE 为绝对相对误差,%；Sim. 和 Obs. 分别为模拟值和观测值。

利用多种统计参数,对 DSSAT-CROPGRO 模型模拟棉花生长和产量的性能进行进一步评估(见表 5-16)。可以看出,两年度物候期的 NRMSE 均小于 10%,模拟精度较高。对于产量,两年度 NRMSE 均小于 15%,决定系数 R^2 分别为 0.58 和 0.90,可见籽棉产量模拟效果较好。2017 年地上部生物量的 NRMSE 较低,而决定系数 R^2 却低于 0.5,2018 年地上部生物量的决定系数 R^2 接近 1,而 NRMSE 大于 30,说明模型对于生物量的模拟结果不好,需要进一步改进。综上所述,DSSAT-CROPGRO 模型能较好地模拟棉花的物候期和产量,可以借助于 DSSAT-CROPGRO 模型指导棉花生产。

表 5-16　评估 DSSAT-CROPGRO 模型模拟棉花物候期、生物量和产量

年份	统计指标	开花期	成熟期	生物量（kg/hm²）	产量（kg/hm²）
2017	R^2	—	—	0.45	0.58
	RMSE	0	5.89	2 075	601.6
	NRMSE	0	3.02	13.93	9.86
2018	R^2	—	—	0.90	0.90
	RMSE	4.00	4.51	5 341	769.2
	NRMSE	4.88	2.40	30.89	14.92

5.5.3　DSSAT-CROPGRO 情景模拟

5.5.3.1　CROPGRO 模型土壤水分情景拟定

近年来,南疆地区普遍实施冬灌压盐的管理措施,不同灌水定额的压盐灌溉实施后,造成积盐区域下移的同时,也会引起土壤含水率的巨大变化。棉花春季播种时,不同冬灌定额压盐措施造成的不同初始土壤含水率势必对棉花的出苗和生长发育产生不同影响,最终影响棉花产量。基于此,本研究利用校正的 DSSAT-CROPGRO 模型,设置 8 个初始土壤含水率水平:120%θ、110%θ、θ(田间持水率)、90%θ、80%θ、70%θ、60%θ、50%θ；并设置 3 种灌水定额水平:24 mm、30 mm、36 mm,灌水时间基于两年棉花试验和当地多年经验(见表 5-17),通过模拟分析不同灌水定额条件下、不同初始土壤含水率对

棉花生长发育和产量的影响,最终确定适宜南疆地区棉花播种的棉田初始土壤含水率。

表 5-17　DSSAT-CROPGRO 模型灌水制度

灌水日期	灌水定额(mm)		
6 月 6 日	24	30	36
6 月 17 日	24	30	36
6 月 27 日	24	30	36
7 月 7 日	24	30	36
7 月 14 日	24	30	36
7 月 21 日	24	30	36
7 月 28 日	24	30	36
8 月 4 日	24	30	36
8 月 11 日	24	30	36
8 月 21 日	24	30	36
8 月 31 日	24	30	36
合计	264	330	396

5.5.3.2　利用 DSSAT-CROPGRO 模型优化土壤水分管理

图 5-17 和图 5-18 给出了不同灌水定额和初始土壤含水率对棉花产量和地上部生物量的影响。模拟结果显示,在相同的初始土壤含水率条件下,增加棉花生育期灌水定额能有效促进地上部生物量的积累和籽棉产量的增加。在 24 mm 灌水条件下,相比田间持水率(θ)处理,120%θ、110%θ、90%θ、80%θ、70%θ、60%θ、50%θ处理籽棉产量分别减少 1.3%、1.18%、9.82%、16.84%、18.71%、16.42%、18.20%;在 30 mm 灌水条件下,相比田间持水率(θ)处理,120%θ、110%θ、90%θ、80%θ、70%θ、60%θ、50%θ处理籽棉产量分别减少 0.36%、0.46%、3.25%、7.56%、12.05%、17.72%、23.88%;在 36 mm 灌水条件下,相比田间持水率(θ)处理,120%θ、110%θ、90%θ、80%θ、70%θ、60%θ、50%θ 处理籽棉产量分别减少 -0.21%、-0.33%、0.09%、0.85%、3.83%、17.26%、21.40%。分析可知,在 24 mm 和 30 mm 灌水定额条件下,随着初始土壤含水率由 120%θ水平不断降低,籽棉产量呈现先增加后降低趋势,初始土壤含水率为田间持水率(θ)时,籽棉产量达到最大。24 mm 和 30 mm 灌水条件下最大籽棉产量分别为 5 012 kg/hm^2 和6 401 kg/hm^2。在 36 mm 灌水定额条件下,籽棉产量仍呈现先增加后降低趋势,初始土壤含水率为 110%θ 时,籽棉产量达到最大,为 6 621 kg/hm^2。θ、90%θ、80%θ 处理籽棉产量相比 110%θ 处理虽然有所减少,但减产幅度很小,分别为 0.33%、0.42%、1.19%。

综上所述,灌水定额为 24～30 mm 条件下,初始土壤含水率达到 θ(田间持水率)水平时棉花籽棉产量最高;灌水定额为 36 mm 条件下,棉花籽棉产量最高的初始土壤含水率宜选择在(80%～100%)θ(田间持水率)。

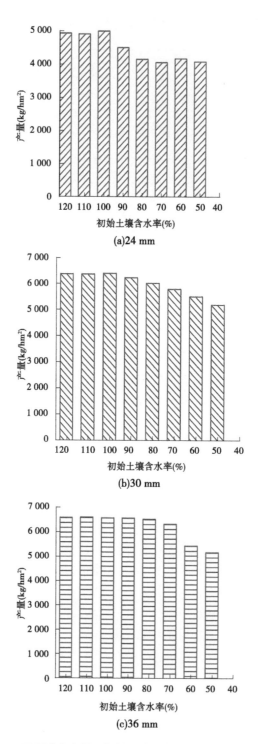

(a)24 mm

(b)30 mm

(c)36 mm

图 5-17　不同灌水定额和初始土壤含水率对棉花产量的影响

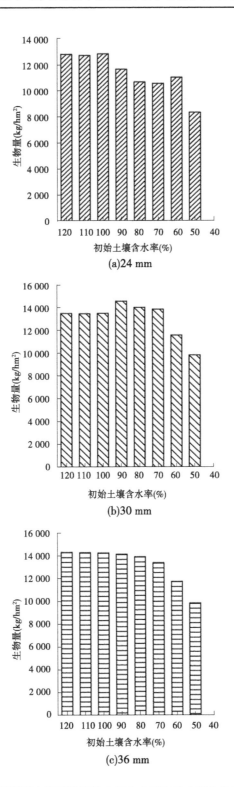

图 5-18　不同灌水定额和初始土壤含水率对地上部生物量的影响

第6章　南疆无膜滴灌棉田土壤水盐分布特征及灌溉模式研究

膜下滴灌技术具有节水、高效、增产、提质等优点,但残膜回收不净会带来土壤"白色污染"的问题。从长远的土壤环境安全考虑,推广无膜滴灌栽培棉花是解决南疆棉田地膜残留污染的有效途径。但针对无膜滴灌条件下南疆棉田土壤水盐运移、棉花耗水、需水规律尚缺乏系统研究,因此,本章通过开展不同滴灌带布置方式及灌水定额处理试验,探究了不同灌水技术参数对无膜滴灌棉田土壤水热盐分布特征、棉花耗水特性、生长发育及产量品质的影响,同时探究了 AquaCrop 模型对南疆地区无膜滴灌棉花的适用性。主要研究结果如下:

(1)无膜滴灌棉田土壤水热盐分布特征为:土壤含水率的变化周期与灌水周期相一致,土壤盐分及温度则与之相反。2 带 4 行滴灌带布置方式棉花宽、窄行土壤含水率均高于 1 带 4 行,而土壤盐分及温度均低于 1 带 4 行。随着灌水定额的增加,土壤含水率呈增加的趋势,而土壤盐分及土壤温度呈减小的趋势,且灌溉定额越大,脱盐效果越好,温度降低越明显。同时,膜下滴灌处理的土壤水热盐变化规律与无膜滴灌处理相同,但土壤水分、温度及脱盐率均高于无膜滴灌处理。

(2)无膜滴灌棉花耗水特性为:棉花苗期日耗水强度较低;进入蕾期,日耗水强度明显增大,并达到最大值;至花铃期,日耗水强度略有降低。2 带 4 行滴灌带布置方式棉花耗水略高于 1 带 4 行,且随着灌水定额的增加而逐渐增加,灌水定额为 27 mm、36 mm、45 mm、54 mm 和 63 mm 时,棉花耗水量分别为 334.42 mm、412.73 mm、489.19 mm、561.57 mm 和 639.81 mm,其中无膜滴灌 36 mm 和 54 mm 处理时棉花耗水量较膜下滴灌 36 mm 处理时分别增加了 0.51% 和 36.75%。

(3)无膜滴灌棉花适宜的滴灌带布置方式为 2 带 4 行。2 带 4 行滴灌带布置方式棉花株高、叶面积、地上部干物质积累量、产量构成因子及水分利用效率等均高于 1 带 4 行滴灌带布置。2 带 4 行滴灌带布置方式的籽棉产量为 5 122.91 kg/hm²,水分利用效率为 1.14 kg/m³,而滴灌带布置方式对棉花品质的影响不显著。

(4)无膜滴灌棉花适宜的灌水定额为 54 mm,灌水次数为 10 次。棉花株高、叶面积、地上部干物质积累量及产量构成因子等均随灌水定额的增加呈先增加后减小的趋势,其中灌水定额为 54 mm 时,籽棉产量达 5 999.49 kg/hm²,水分利用效率则随着灌水定额的增加而逐渐减小,灌水定额为 27 mm 时最大,为 1.69 kg/m³,而棉花品质随着灌水定额的增加略有提高。无膜滴灌棉花产量及棉花水分利用效率均低于膜下滴灌,分别减小了 14.25% 和 14.04%,但是提高无膜滴灌棉花灌水定额,棉花产量仅减少 2.54%。

(5)AquaCrop 模型能较好地模拟新疆地区不同灌溉制度下无膜种植棉花产量、生物量及冠层覆盖度的动态变化过程。针对南疆地区水资源紧缺的现状,建议无膜滴灌棉花采用灌溉定额为 54 mm，灌水频率为 5 d，能在保证无膜滴灌棉花水分生产率的同时经济效益最大化。

6.1　试验基本情况

6.1.1　试验设计

6.1.1.1　灌溉频率

2018~2019 年试验灌溉频率为：从棉花苗期开始，采用 FAO-56 推荐的 Penman-Monteith 公式计算 ET_0，通过逐日气象资料计算 ET_0-P（降雨量）值，当 ET_0-P 累积值达到 45 mm 时进行灌溉，ET_0 计算见式（1-1）。

气象数据由试验站 HOBO U30 自动气象监测站实时获取，计算过程参考《灌溉试验规范》（SL 13—2015）进行，2018~2019 年 4~9 月 ET_0、降雨量、最大及最小温度值见图 6-1。

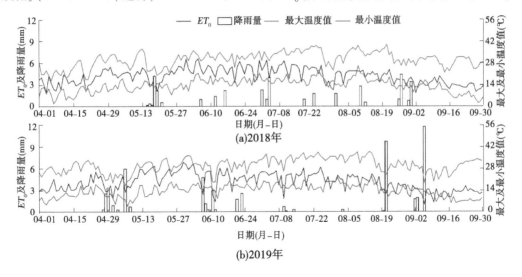

图 6-1　ET_0、降雨量、最大及最小温度值

通过计算 ET_0-P 值，得出 2018~2019 年试验灌溉日期及灌溉次数，如表 6-1 所示。

表 6-1　2018~2019 年试验灌水日期及灌溉次数

年份	灌水日期					灌溉次数
2018	5 月 22 日	5 月 31 日	6 月 10 日	6 月 23 日	7 月 5 日	10
	7 月 14 日	7 月 24 日	8 月 6 日	8 月 16 日	8 月 31 日	
2019	5 月 26 日	6 月 2 日	6 月 13 日	6 月 23 日	7 月 3 日	10
	7 月 12 日	7 月 22 日	7 月 31 日	8 月 10 日	8 月 20 日	

6.1.1.2　不同滴灌带布置方式试验

2018 年棉花无膜滴灌试验于 4 月 22 日播种，10 月 27 日收获。采用单因素完全随机试验设计,滴灌带布置方式设置为 T_K(1带4行)和 T_Z(2带4行),共2个处理,每个处理设置3次重复,共6个小区,规格为45 m×6 m(长×宽)。目前,南疆膜下滴灌棉花的灌水定额为30 mm左右,各地略有不同,但差距不大。2018年无膜滴灌棉花设置的灌水定额是在膜下滴灌的基础上提高50%,即每次的灌水定额为45 mm。

无膜滴灌棉花行距为20 cm+40 cm(窄行+宽行),株距为10 cm,棉花种植方式及滴灌带布置见图6-2。选用一次性单翼迷宫式滴灌带,直径为16 mm,滴头间距为30 cm,额定流量为3.0 L/h,工作压力为0.1 MPa。施肥按照900 kg/hm² 施用滴灌专用肥,同时喷施农药,其他农艺措施均按当地常规实施。

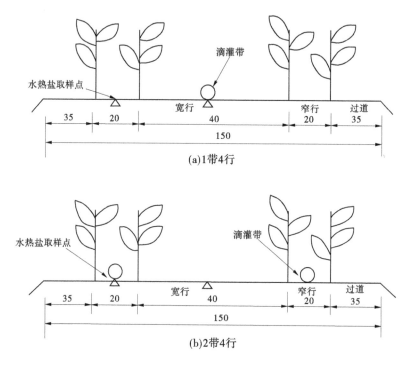

图6-2 棉花种植方式及滴灌带布置示意图(单位:cm)

6.1.1.3 不同灌水定额试验

2019年棉花无膜滴灌试验于4月25日播种,11月2日收获。在2018年试验结果的基础上,增设灌水定额影响因素,将无膜滴灌棉花的灌水定额设置为在膜下滴灌的基础上降低10%和提高20%、50%、80%及110%,即灌水定额设置为 I_1 = 27 mm、I_2 = 36 mm、I_3 = 45 mm、I_4 = 54 mm 和 I_5 = 63 mm,同时以当地膜下滴灌 I_6 = 36 mm 作为对照处理。采用单因素完全随机试验设计,共5个处理,每个处理设置3次重复,共计15个小区,小区规格为45 m×1.5 m(长×宽)。滴灌带布置方式采用2带4行,其他材料及参数与2018年试验相同。

6.1.2 测定项目与方法

土壤含水率测定采用土壤水温自动监测系统(水温自动监测系统为 EM50 5TM,记录频次为 1 次/h)监测,2018 年监测点埋设于棉花宽行和窄行,2019 年监测点埋设于棉花窄行,埋设深度为 10 cm、20 cm、40 cm、60 cm 及 80 cm,如图 6-2 所示。并在每个生育阶段末期取土校核仪器水分。依据《灌溉试验规范》(SL 13—2015),划分棉花生育阶段,见表 6-2。

表 6-2　棉花生育阶段划分

生育阶段	日期		生长天数(d)	
	2018 年	2019 年	2018 年	2019 年
出苗期	4 月 22~30 日	4 月 25 日至 5 月 5 日	8	10
苗期	5 月 1 日至 6 月 29 日	5 月 6 日至 6 月 26 日	60	51
蕾期	6 月 30 日至 8 月 2 日	6 月 27 日至 7 月 26 日	33	29
花铃前期	8 月 3~21 日	7 月 27 日至 8 月 17 日	18	21
花铃后期	8 月 22 日至 9 月 10 日	8 月 18 日至 9 月 18 日	19	31
吐絮期	9 月 11 日至 10 月 27 日	9 月 19 日至 11 月 2 日	46	44

耗水量、土壤盐分、棉花生长发育指标、棉花产量品质指标及水分利用效率测定方法与膜下滴灌相同,在此不做论述。

6.2　灌溉模式对无膜滴灌棉田水盐环境的影响

6.2.1　不同灌溉模式下土壤水分动态变化

6.2.1.1　滴灌带布置方式对土壤水分分布的影响

土壤湿润的范围及形状受滴灌布置方式的影响,对作物根系水分的吸收及生长发育产生较大影响。2018 年两种滴灌带布置方式对土壤水分分布的影响如图 6-3 所示,土壤水分动态变化周期与灌水周期一致,灌前土壤含水率较低,灌后显著增加。T_Z 处理宽行土壤含水率低于窄行,而 T_K 处理与之相反。整体而言,T_Z 处理棉花宽、窄行土壤含水率均高于 T_K 处理。

不同滴灌带布置方式的棉花宽行、窄行土壤水分分布存在较大差异。当滴灌带布置方式为 T_K 时,0~20 cm 土层窄行的土壤含水率高于宽行,20~80 cm 宽行土壤含水率较高。同时,棉花宽、窄行土壤含水率在 0~40 cm 波动较大,土壤含水率下降较快,土壤储水量较低,短期内形成明显的“干燥区”;40~60 cm 土壤含水率波动逐渐减小;60~80 cm 土壤含水率波动不大,较为稳定,且形成较大范围的“湿润区”。当滴灌带布置方式为 T_Z 时,0~20 cm 土层宽行土壤含水率高于窄行,而 20~80 cm 低于窄行。同时,棉花宽、窄行土壤含水率在 0~20 cm 波动较大,属于水分活跃层,土壤含水率较低,形成明显的“干燥区”;20~40 cm 土壤含水率变化幅度不大,属于水分次活跃层;40~80 cm 土壤含水率较为稳定,属于稳定层,较高的土壤含水率形成“湿润区”。

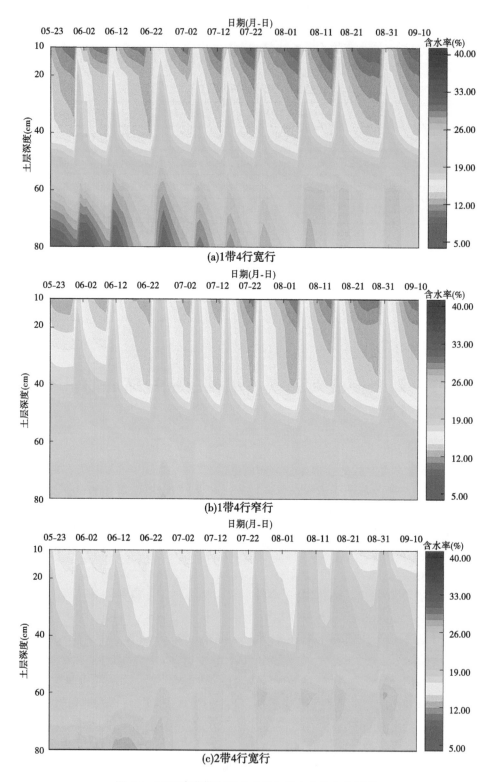

图6-3　不同滴灌带布置方式对土壤水分分布的影响

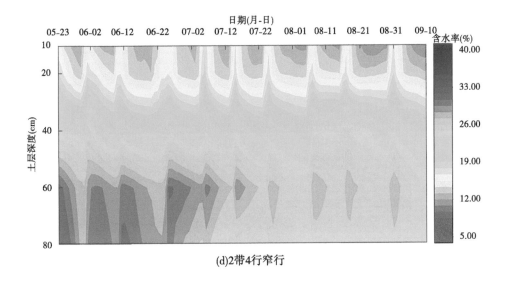

(d)2带4行窄行

续图 6-3

6.2.1.2 灌水定额对土壤水分分布的影响

土壤水分受灌溉、降雨和腾发等作用呈周期性变化,灌溉及降雨补充土壤水分,而腾发作用则消耗土壤水分。2019 年不同灌水定额对 0~80 cm 土壤水分分布的影响如图 6-4 所示,不同灌水定额棉花生育期内的土壤平均含水率呈现明显的差异,随着灌水定额的增加而增加,I_5 处理土壤含水率最大,同时膜下滴灌 I_6 处理平均土壤含水率略高于 I_2 处理。

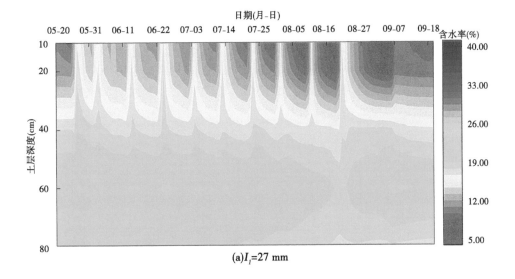

(a)I_1=27 mm

图 6-4 不同灌水定额对土壤水分分布的影响

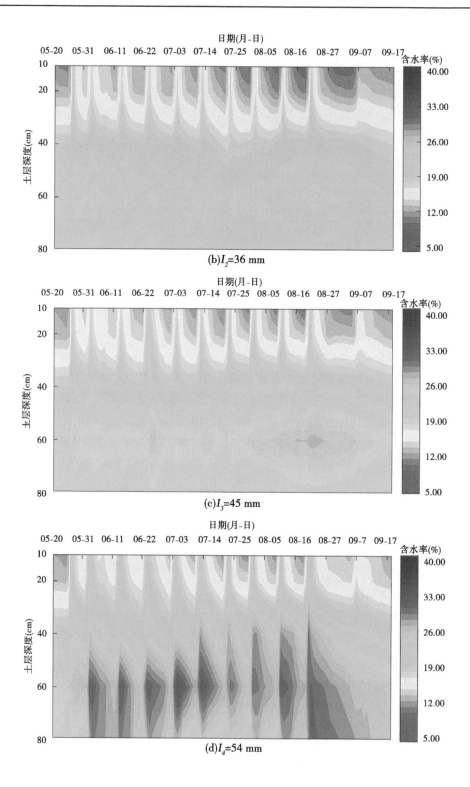

(b)I_2=36 mm

(c)I_3=45 mm

(d)I_4=54 mm

续图 6-4

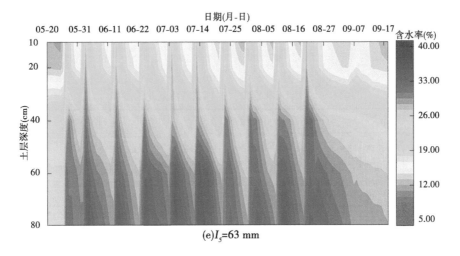

(e)I_5=63 mm

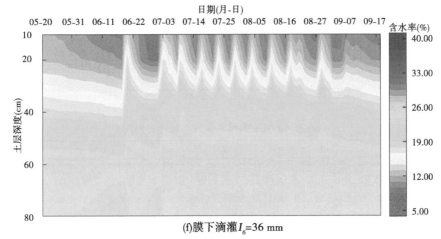

(f)膜下滴灌I_6=36 mm

续图 6-4

由图 6-4 可知,土壤水分在剖面上的分布略有差异。不同灌水定额 0~60 cm 土壤含水率随土层深度的增加而增加,而 I_1 ~ I_4 处理 60~80 cm 土壤含水率呈减小趋势,但 I_5 处理 60~80 cm 土壤含水率保持增加趋势。I_1~I_3 处理 0~20 cm 土壤含水率变化幅度较大,属于水分活跃层,土壤含水率较低,易形成明显的"干燥区";20~40 cm 土壤含水率变化幅度不大,属于水分次活跃层;40~80 cm 土壤含水率较为稳定,属于稳定层,较高的土壤含水率形成"湿润区",而 I_4 和 I_5 处理 0~80 cm 土壤含水率变化幅度均保持较高水平。膜下滴灌 I_6 处理土壤含水率随土层深度的变化与无膜滴灌相同,但土壤含水率略高于 I_2 处理,且土壤含水率波动幅度低于 I_2 处理。

6.2.2　不同灌溉模式下棉花耗水规律

6.2.2.1　滴灌带布置方式对棉花耗水特性的影响

2018 年两种滴灌带布置方式的棉花耗水规律如表 6-3 所示,棉花苗期植株较小,气温相对较低,棉花日均耗水量为 3.2 mm 左右;到棉花蕾期,随着气温的逐渐升高,棉花进入生长旺盛期,棉花日均耗水强度达到最大,为 4.6 mm 左右;进入花铃期后,棉花日均耗水量略有减少,达到 3.8 mm 左右;在整个棉花生育期,T_Z 处理耗水量较高,为 514.04 mm,而 T_K 处理棉花的耗水量略低于 T_Z,为 488.87 mm。

表 6-3 滴灌带布置方式对棉花耗水规律的影响

处理	苗期			蕾期			花铃期			总耗水量 (mm)
	灌水量 (mm)	耗水量 (mm)	耗水强度 (mm/d)	灌水量 (mm)	耗水量 (mm)	耗水强度 (mm/d)	灌水量 (mm)	耗水量 (mm)	耗水强度 (mm/d)	
T_K	180	194.58	3.24	135	151.82	4.60	135	142.48	3.85	488.87
T_Z	180	208.72	3.48	135	159.42	4.83	135	145.90	3.94	514.04

6.2.2.2 灌水定额对棉花耗水特性的影响

2019 年不同灌水定额的棉花耗水规律如表 6-4 所示,棉花苗期的日均耗水量为 0.75~3.34 mm;棉花蕾期的日均耗水量为 3.07~6.96 mm;棉花花铃期的日均耗水量为 2.13~5.34 mm。随着灌水定额的增加,棉花耗水量逐渐增加,且变化幅度呈递增的趋势。无膜滴灌 I_2 和 I_4 处理耗水量分别为 412.73 mm 和 561.57 mm,较膜下滴灌 I_6 处理分别增加了 0.51% 和 36.75%。

表 6-4 灌水定额对棉花耗水规律的影响

处理	苗期			蕾期			花铃期			总耗水量 (mm)
	灌水量 (mm)	耗水量 (mm)	耗水强度 (mm/d)	灌水量 (mm)	耗水量 (mm)	耗水强度 (mm/d)	灌水量 (mm)	耗水量 (mm)	耗水强度 (mm/d)	
I_1	108	134.12	2.20	81	89.16	3.07	81	111.15	2.13	334.42
I_2	144	156.37	2.56	108	125.03	4.31	108	131.33	2.53	412.73
I_3	180	173.47	2.84	135	150.22	5.18	135	165.50	3.18	489.19
I_4	216	189.85	3.11	162	175.54	6.05	162	196.18	3.77	561.57
I_5	252	203.54	3.34	189	201.98	6.96	189	234.28	4.51	639.81
I_6	0	46.78	0.75	144	123.57	3.86	216	240.30	5.34	410.65

6.2.3 不同灌溉模式下土壤盐分动态变化

6.2.3.1 滴灌带布置方式对土壤盐分分布的影响

2018 年不同滴灌带布置方式对土壤盐分分布的影响如图 6-5 所示。灌水前,两种滴灌带布置方式的土壤盐分值均相对较高,灌水后,土壤盐分有了较为明显的降低。进入花铃期后,土壤出现反盐现象,0~80 cm 土壤盐分逐渐增加。总体来看,T_Z 处理对土壤盐分的淋洗效果要优于 T_K 处理,T_Z 和 T_K 处理棉花窄行脱盐率分别为 30.14% 和 26.60%,宽行脱盐率分别为 23.18% 和 18.63%。

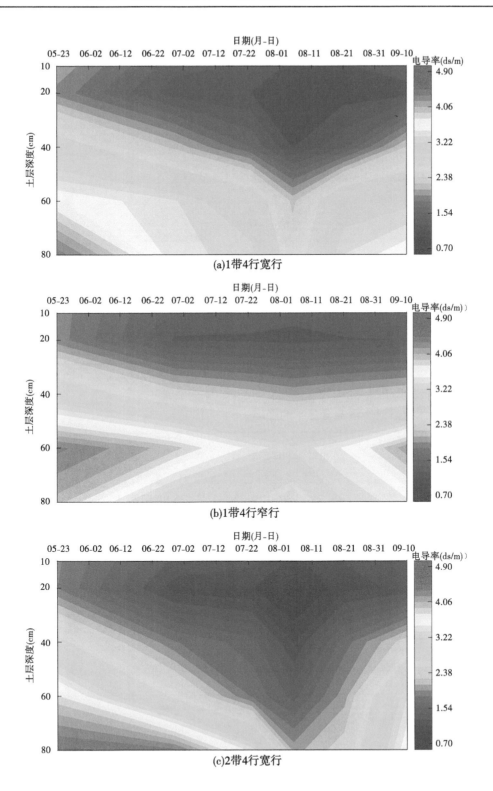

图 6-5　不同滴灌带布置方式对土壤盐分分布的影响

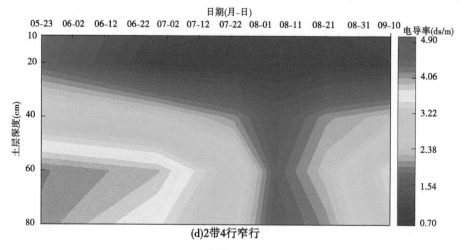

(d)2带4行窄行

续图 6-5

由图 6-5 可知,滴灌带布置方式对土壤剖面盐分分布的影响不同。当滴灌带布置方式为 T_K 时,棉花宽、窄行 0~40 cm 土壤盐分值相对较低,而 40 cm 以下的土壤盐分值相对较高,在整个棉花生育期内宽行 0~80 cm 土壤盐分值要低于窄行。当滴灌带布置方式为 T_Z 时,棉花宽、窄行 0~40 cm 土壤盐分值处于低值区,自 40 cm 以下土壤盐分值开始逐渐增大,棉花宽、窄行 0~80 cm 土壤盐分值相差不大。总体而言,T_Z 处理棉花宽、窄行剖面土壤盐分值均低于 T_K 处理。

6.2.3.2 灌水定额对土壤盐分分布的影响

2019 年不同灌水定额对土壤盐分分布的影响如图 6-6 所示,受土壤空间变异性的影响,初始土壤含盐量具有一定的差异,但差异不大。棉花生育期土壤盐分变化受灌水及气象影响较大,至花铃期前,土壤处于脱盐状态,且灌溉定额越大,脱盐效果越明显,I_1、I_2、I_3、I_4 及 I_5 的脱盐率分别为 23.78%、29.10%、31.28%、35.42% 和 55.20%,而进入花铃期后土壤盐分开始增加。膜下滴灌 I_6 处理盐分随生育期变化规律与无膜滴灌 I_2 处理相同,但是 I_6 处理土壤脱盐率高于 I_2 处理,达 46.64%。

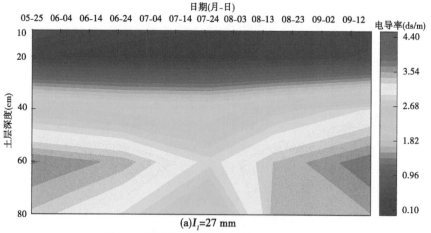

(a)I_1=27 mm

图 6-6 不同灌水定额对土壤盐分分布的影响

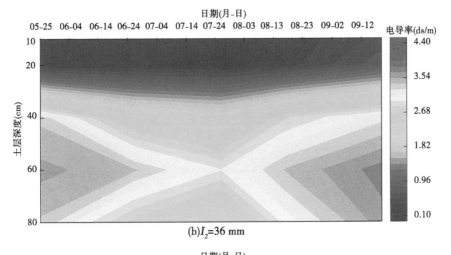

(b)I_2=36 mm

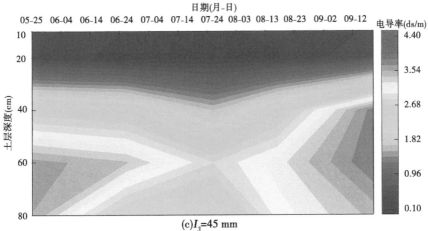

(c)I_3=45 mm

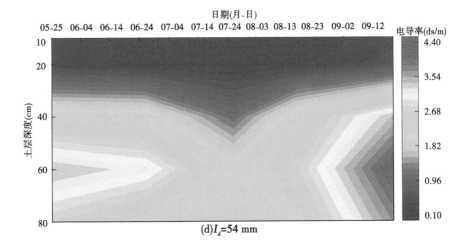

(d)I_4=54 mm

续图 6-6

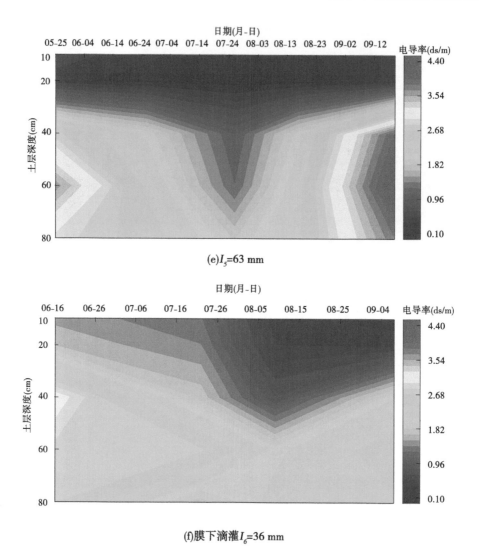

(e)I_5=63 mm

(f)膜下滴灌I_6=36 mm

续图 6-6

灌水对土壤盐分变化影响较大,浅层土壤盐分因淋洗作用而减少,深层土壤则逐渐增加。由图 6-6 可知,不同灌水定额 0~20 cm 土壤处于低盐区,20~40 cm 土壤处于过渡区,而 40~80 cm 土壤处于高盐区,且在整个生育期内变化幅度相对较大。I_1、I_2、I_3 及 I_4 处理 0~80 cm 土壤含盐量随土层深度的增加呈先增大后减小的趋势,在 60 cm 处达到最大值,而 I_5 处理土壤含盐量随土层深度的增加而增加,在 80 cm 处达到最大值。整体而言,膜下滴灌 I_6 处理土壤盐分随土层深度的增加呈现先增加后减少的趋势,与 I_2 处理相同,且土壤盐分较低。

6.3　灌溉模式对无膜滴灌棉花生长及产量品质的影响

6.3.1　不同灌溉模式对棉花生长的影响

6.3.1.1　滴灌带布置方式对棉花生长的影响

株高是表现棉花生长发育状况的首要指标,最终影响棉花产量。2018 年不同滴灌带布置方式下棉花株高变化如图 6-7(a)所示,棉花的株高生长趋势基本一致,呈先增加后缓慢趋于稳定,播种后 71 d,棉花株高增长缓慢,后进入快速生长期,至播种后 101 d,棉花株高达到最大值,T_Z 和 T_K 处理棉花株高分别为 58.00 cm 和 51.50 cm,达显著水平($p < 0.05$)。

叶面积是棉花光合、蒸腾及生物量形成的重要参数,是衡量作物生长发育情况的重要指标之一。由图 6-7(b)可知,不同滴灌带布置方式下棉花单株叶面积随着生长天数的增加呈先增大后减小的趋势,播种后 111 d 达到峰值,T_Z 处理棉花单株叶面积较 T_K 处理增加了 63.21%,具有显著差异($p < 0.05$)。至播种后 121 d,棉花单株叶面积开始衰减。

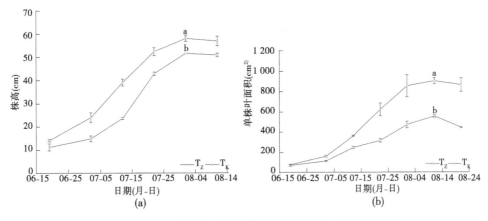

图 6-7　不同滴灌带布置方式对棉花株高及单株叶面积的影响

6.3.1.2　灌水定额对棉花生长的影响

2019 年不同灌水定额下棉花株高变化如图 6-8(a)所示,播种后 58 d 不同处理棉花株高相差不大,随着灌水定额的增加,棉花株高差异逐渐增大;播种后 93 d,I_4 处理棉花株高最大,为 67.80 cm,较 I_1、I_2、I_3 及 I_5 处理分别增加 44.19%、40.31%、23.63% 及 11.00%。打顶后,棉花株高几乎不再增长,此时主要是节间长度的增加。而膜下滴灌 I_6 处理棉花株高显著高于无膜滴灌 I_2 处理($p < 0.05$),为 60.12 cm,较 I_2 处理增加了 18.63%。

2019 年不同灌水定额下棉花单株叶面积变化如图 6-8(b)所示,叶面积随着生长天数的增加呈先增大后减小的趋势,播种后 58 d 不同处理棉花单株叶面积相差不大,之后快速增长,至播种后 106 d 达到峰值后开始衰减。以最大单株叶面积进行显著性分析得出,I_4 及 I_5 处理单株叶面积显著优于 I_1、I_2 及 I_3 处理,但 I_4 及 I_5 处理无显著性差异($p < 0.05$)。同时,膜下滴灌 I_6 处理棉花单株叶面积随生育期变化规律与无膜滴灌相同,呈先增大后减小的趋势,但显著优于无膜滴灌 I_2 处理,较 I_2 处理增加了 32.25%。

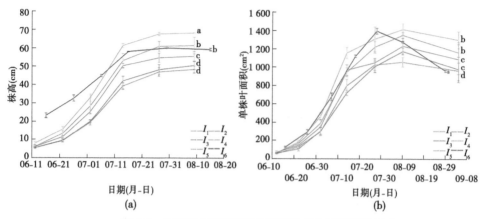

图 6-8　不同灌水定额对棉花株高及单株叶面积的影响

6.3.2　不同灌溉模式对棉花干物质量的影响

6.3.2.1　滴灌带布置方式对棉花地上部干物质积累量的影响

由图 6-9 可知,2018 年各处理棉花地上部干物质积累量随着生育期的推进而逐渐增加。棉花苗期,各处理棉花茎占总量的 32%~36%,叶占比为 64%~68%;棉花蕾期,各处理棉花茎占比为 51%,叶占比为 31%~35%,蕾铃占比为 14%~18%;棉花花铃前期,棉花茎和叶占比开始减小,为 34%~38% 和 28%~30%,而蕾铃占比大幅度增大,为 32%~38%;花铃后期,棉花茎变化较小,叶占比为 18%~21%,蕾铃占比达 49%~54%。总体而言,T_Z 处理各部分器官占比及干物质总量略高于 T_K 处理。

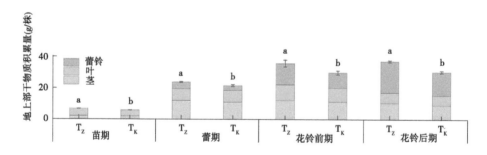

图 6-9　不同滴灌带布置方式对棉花地上部干物质积累量的影响(2018 年)

6.3.2.2　灌水定额对棉花地上部干物质积累量的影响

2019 年试验棉花地上部干物质积累量变化如图 6-10 所示,随着生育期的推进而逐渐增加,但不同处理各器官占比略有不同,即棉花茎与叶占比呈先增大后减小的趋势,而棉花蕾铃占比逐渐增大。棉花苗期和蕾期主要以营养生长为主,棉花苗期不同处理棉花茎占比为 32%~43%,叶占比为 57%~68%;至棉花蕾期,棉花茎占比为 41%~47%,而棉叶生长放缓,占比为 41%~46%,蕾铃占比为 13%~14%;进入花铃前期,棉花从营养生长转变为以生殖生长为主,棉花茎秆及棉叶生长放缓,棉花茎占比为 27%~35%,棉花叶占比为 17%~21%,而蕾铃占比为 47%~53%;花铃后期,棉花茎秆及棉叶占比较小,为 19%~

22% 和 13% ~ 16%,而蕾铃占比高达 64% ~ 67%。总体而言,棉花苗期及蕾期,棉花地上部干物质积累量随着灌水定额的增加而增加,而进入花铃期后,随着灌水定额的增加呈先增加后减少的趋势,I_4 处理地上部干物质积累量最大,较 I_5 处理增加了 23.00% 左右。同时,棉花生育期中,膜下滴灌 I_6 处理地上部干物质积累量显著高于无膜滴灌 I_2 处理($p < 0.05$)。

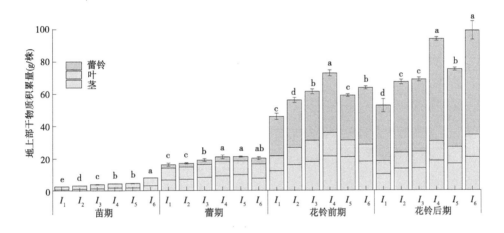

图 6-10　不同灌水定额对棉花地上部干物质积累量的影响(2019 年)

6.3.3　不同灌溉模式对棉花产量及品质的影响

6.3.3.1　滴灌带布置方式对棉花产量及水分利用效率的影响

通过棉花产量和水分利用效率能够反映出不同滴灌带布置方式对棉花生长和耗水情况的影响。由表 6-5 可知,T_Z 处理棉花的单株铃数、单铃质量、籽棉产量以及灌溉水利用率均高于 T_K 处理,分别增加了 2.73%、0.87%、3.54% 及 3.64%,而基于耗水量的水分利用效率略低于 T_K 处理,但两者的差异性不显著。

表 6-5　滴灌带布置方式对棉花产量和灌溉水利用率的影响

处理	单株铃数 (个)	单铃质量 (g)	籽棉产量 (kg/hm²)	灌溉定额 (mm)	总耗水量 (mm)	WUE_I (kg/m³)	WUE_{ET} (kg/m³)
T_K	4.40a	4.58a	4 947.96a	450	488.87	1.10a	1.01a
T_Z	4.52a	4.62a	5 122.91a	450	514.04	1.14a	1.00a

注:同列不同字母表示处理间差异显著($p < 0.05$)。

6.3.3.2　灌水定额对棉花产量及水分利用效率的影响

不同灌水定额下棉花产量及水分利用效率如表 6-6 所示。无膜滴灌棉花产量构成因子及籽棉产量均随灌水定额的增加呈先增加后减小的趋势,以 I_4 处理最高,且籽棉产量具有显著差异,而水分利用效率则随着灌水定额的增加而逐渐减小,I_1 处理具有显著差异。无膜滴灌 I_2 处理棉花产量低于膜下滴灌 I_6 处理,较 I_6 处理减少了 14.25%,达显著水平($p < 0.05$),但与 I_4 处理无显著性差异。因此,膜下滴灌棉花具有较高的水分利用效率。

表 6-6　灌水定额对棉花产量和水分利用效率的影响

处理	单株铃数（个）	单铃质量（g）	籽棉产量（kg/hm²）	灌溉定额（mm）	总耗水量（mm）	WUE_I（kg/m³）	WUE_{ET}（kg/m³）
I_1	5.59c	4.96c	4 613.32d	270	334.42	1.69a	1.38b
I_2	6.26b	5.06bc	5 278.80c	360	412.73	1.47b	1.28c
I_3	6.39b	5.16bc	5 489.40bc	450	489.19	1.22c	1.12d
I_4	6.82a	5.28b	5 999.49ab	540	561.57	1.11d	1.07d
I_5	6.81a	4.96c	5 629.31bc	630	639.81	0.89e	0.88e
I_6	4.57d	6.61a	6 155.92a	360	410.65	1.71a	1.50a

注:同列不同字母表示处理间差异显著($p < 0.05$)。

6.3.3.3　滴灌带布置方式对棉花品质的影响

滴灌带布置方式对棉花纤维品质的影响如表 6-7 所示,T_Z 处理上半部平均长度、整齐度指数及断裂比强度均略大于 T_K 处理,马克隆值略小于 T_K,而棉花纤维伸长率相同,均无显著性差异。整体来说,滴灌带布置方式对棉花品质的影响较小。

表 6-7　滴灌带布置方式对棉花纤维品质的影响

处理	上半部平均长度（mm）	整齐度指数（%）	断裂比强度（cN/tex）	马克隆值	纤维伸长率（%）
T_K	27.63a	83.43a	23.75a	4.33a	6.73a
T_Z	28.10a	83.87a	24.27a	4.20a	6.73a

注:同列不同字母表示处理间差异显著($p < 0.05$)。

6.3.3.4　灌水定额对棉花品质的影响

不同灌水定额对棉花纤维品质的影响如表 6-8 所示,棉花上半部平均长度随着灌水定额的增加略有增加,I_5 处理最大,较 I_1 处理增加 4.36%;断裂比强度及马克隆值则随着灌水定额的增加而减小,较 I_1 处理减小了 10.48% 及 19.80%;而整齐度指数和纤维伸长率无显著性差异。总而言之,随着灌水定额的增加棉花纤维品质略有提高,而膜下滴灌棉花品质略低于无膜滴灌棉花。

表 6-8　灌水定额对棉花纤维品质的影响

处理	上半部平均长度（mm）	整齐度指数（%）	断裂比强度（cN/tex）	马克隆值	纤维伸长率（%）
I_1	26.83e	83.70ab	28.15a	4.90b	6.80a
I_2	27.15de	84.10a	26.87a	4.85b	6.80a
I_3	27.35cd	83.37ab	25.53b	4.85b	6.80a
I_4	27.65c	83.57ab	25.20b	4.55c	6.80a
I_5	28.00b	84.05a	25.20b	4.45d	6.80a
I_6	29.20a	83.05b	27.83a	5.23a	6.80a

注:同列不同字母表示处理间差异显著($p < 0.05$)。

6.4 基于 AquaCrop 模型的南疆无膜滴灌棉花灌溉制度优化

6.4.1 AquaCrop 模型数据库

6.4.1.1 气象数据库

田间气象数据均源于试验站内的 HOBO 型自动气象站,主要包含降雨量、气温、太阳辐射、风速、相对湿度等,并根据 FAO 推荐的 Penmen-Monteith 公式计算参考作物腾发量(ET_0)。2018 年和 2019 年棉花生育期内的降雨量、最高气温、最低气温及 ET_0 见图 6-1。

6.4.1.2 土壤数据库

AquaCrop 模型的土壤参数主要由凋萎含水率、饱和含水率、田间持水率、土层数及容重等组成。棉花播种前,在田间随机选择 5 个试点进行土壤取样,每隔 20 cm 作为一个分层,测得土壤容重及颗粒含量等参数见表 2-1,将土壤参数导入模型建立土壤数据文件(SOL)。

6.4.1.3 作物数据库

作物参数文件主要由作物生长、作物蒸散、作物生产及水分、盐分、温度胁迫等组成。作物生长参数中的初始及最大冠层覆盖率,开花、衰老、成熟期等参数都可由田间实际观测所得;作物生产中的水分生产指数、作物收获指数、水分胁迫响应系数、盐分胁迫响应系数、温度胁迫响应系数可基于模型提供基准参数进行取值范围的确定,同时运用"试错法"进行修正。本试验选用 2018 年各处理的田间试验实测数据对模型参数进行调试,选用 2019 年田间实测数据验证模型。AquaCrop 模型的主要作物参数见表 6-9。

表 6-9 AquaCrop 模型作物参数

参数	校正值	参数	校正值
基底温度 T_{base}(℃)	10	最大有效根深(m)	0.65
上限温度 T_{upper}(℃)	30	参考收获指数 HI0(%)	41
作物系数 K_{cTR}	1.1	水分胁迫对冠层影响上限 $P_{exp,upper}$	0.25
初始冠层覆盖度(CC_0)(%)	1	水分胁迫对冠层影响下限 $P_{exp,lower}$	0.55
冠层增长系数 CGC(%/d)	10.3	水分胁迫对气孔导度影响上限 $P_{clo,upper}$	0.55
最大冠层覆盖度 CCX(%)	90	水分胁迫对早期冠层衰老影响上限 $P_{sen,upper}$	0.88
冠层衰减系数 CDC(%/d)	8	盐分对作物生长影响阈值下限 $EC_{e,lower}$(dS/m)	4
标准水分生产力 WP(g/m²)	19	盐分对作物生长影响阈值上限 $EC_{e,upper}$(dS/m)	15

6.4.2 模型校正

采用 2018 年试验中各处理的冠层覆盖度、产量和地上部生物量对 AquaCrop 模型进行校正(见表 6-10),在 I_2 灌溉水平下生物量拟合度最好,$RMSE$、d、$NRMSE$ 和 R^2 分别为 457 kg/hm²、0.99、5.78% 和 0.93;I_4 处理的冠层覆盖度拟合度最好,$RMSE$、d、$NRMSE$ 和

R^2 分别为 4.12%、0.99、7.13% 和 0.60；产量则在 I_3 灌溉水平下拟合度最好，$RMSE$、d 和 $NRMSE$ 分别为 134 kg/hm²、0.43 和 2.23%，R^2 为 0.71。总体结果表明，AquaCrop 模型的模拟值与田间实测结果拟合度较高，可以用所验证的模型参数来模拟无膜滴灌棉花的生长发育过程。

表 6-10　AquaCrop 模型校正

评价指标	模拟指标	处理		
		I_2	I_3	I_4
$RMSE$	生物量（kg/hm²）	457	992	1 923
	冠层覆盖度（%）	9.65	7.39	4.12
	产量（kg/hm²）	678	134	648
d	生物量	0.99	0.98	0.96
	冠层覆盖度	0.96	0.98	0.99
	产量	0.38	0.43	0.11
$NRMSE$	生物量（%）	5.78	13.18	21.65
	冠层覆盖度（%）	19.86	13.59	7.13
	产量（%）	13.43	2.23	9.60
R^2	生物量	0.93	0.92	0.89
	冠层覆盖度	0.75	0.83	0.60
	产量	0.71	0.71	0.71

6.4.3　模型验证

AquaCrop 模型经过参数校正后，利用 2019 年不同处理的冠层覆盖度和地上部生物量数据对模型进行验证，如图 6-11~图 6-13 所示。由图 6-11 可知，播种后 50 d 内的冠层覆盖度维持在较低水平，随后棉花冠层覆盖度进入快速增长阶段，与地上部生物量的增长趋势基本一致；冠层覆盖度在播种后约 90 d 达到最大值后并保持稳定，比生物量早 40 d 达到最大值。I_1 和 I_2 处理的实测冠层覆盖度比模拟值偏低，而 I_3、I_4 和 I_5 处理的模拟结果则与之相反。

由图 6-12 可知，生物量模拟值与实测值增减趋势基本一致，棉花地上部生物量自播种后开始缓慢积累，约 60 d 后进入快速生长期，植株地上部生物量生长速率增大；在播种后约 130 d，地上部生物量积累达到最大值并趋于稳定。地上部生物量在一定范围内与灌水定额呈正相关。

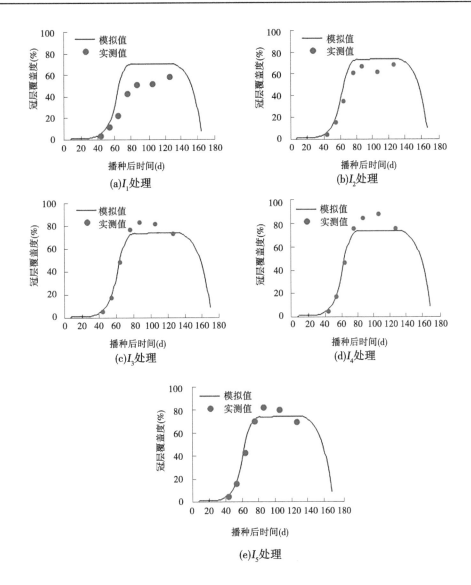

图 6-11　不同处理冠层覆盖度实测值和模拟值

由图 6-13 可知,2019 年冠层覆盖度 $RMSE$、d、$NRMSE$ 和 R^2 分别为 6.03%、0.12、13.08% 和 0.97,产量及生物量的 $RMSE$、d、$NRMSE$、R^2 分别为 751 kg/hm² 、0.84、14.02%、0.87 和 810 kg/hm² 、0.93、6.41%、0.80,其中 R^2 均大于 0.80,表明实测值与模拟值比较接近,模拟效果可信度较高。

表 6-11 为 2019 年不同处理地面冠层覆盖度、生物量和产量的模拟结果。2019 年地上部生物量模拟值与实测值在 I_2 灌溉水平下的拟合度最好,R^2 为 1.00,而 I_1 的拟合度最差,R^2 为 0.88;冠层覆盖度在 I_3 灌溉条件下的拟合度最好,R^2 为 0.98,而在 I_1 的拟合度最差,R^2 为 0.91;各处理的产量实测值与模拟值的 R^2 均为 0.87。地上部生物量、冠层覆盖度和产量总体拟合度较好,表明 AquaCrop 模型能较好地模拟无膜滴灌棉花在南疆地区的生长特性。

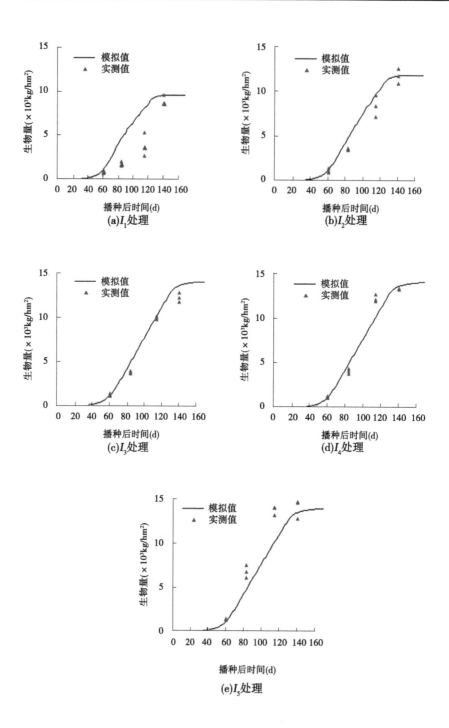

图 6-12 不同处理生物量实测值和模拟值

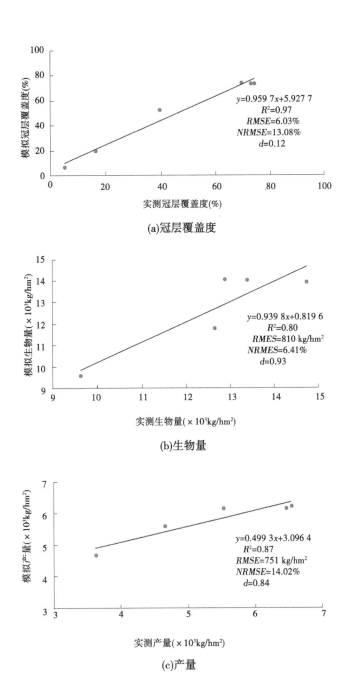

图 6-13　2019 年不同灌水定额下地上部生物量及产量实测值与模拟值之间的关系

表 6-11　AquaCrop 模型验证结果

评价指标	模拟指标	处理				
		I_1	I_2	I_3	I_4	I_5
RMSE	生物量(kg/hm²)	672	845	1 810	670	923
	冠层覆盖度(%)	16.99	8.86	5.35	6.45	7.01
	产量(kg/hm²)	1 621	1 228	709	708	565
d	生物量	0.50	0.07	0.35	0.04	0.20
	冠层覆盖度	0.89	0.98	0.99	0.99	0.98
	产量	0.29	0.22	0.42	0.38	0.42
NRMSE	生物量(%)	7.35	7.72	14.65	5.01	6.68
	冠层覆盖度(%)	49.58	20.27	10.04	12.10	13.96
	产量(%)	52.13	27.90	12.76	10.29	8.74
R^2	生物量	0.88	1.00	0.99	0.95	0.95
	冠层覆盖度	0.91	0.96	0.98	0.97	0.95
	产量	0.87	0.87	0.87	0.87	0.87

6.4.4　AquaCrop 情景模拟

6.4.4.1　AquaCrop 模型灌溉情景拟定

为探寻不同灌溉制度(以田间试验为依据,因为 I_1 灌水量下产量过低,I_5 灌水定额偏大,与节约水资源目的不符,因此在模拟情景中不做分析)对无膜种植棉花产量与水分利用效率的影响,以 1960~2019 年共计 60 年的气象数据为基础,并依据 2018~2019 年田间试验及当地灌溉制度,制定两种不同灌溉模拟情景(见表 6-12):①灌溉定额分别为 360 mm、450 mm、540 mm,设置 5 d、7 d、10 d 不同灌水频率,根据灌溉定额调整每次的灌水定额,共计 9 个模拟方案;②固定单次灌水定额分别为 36 mm、45 mm、54 mm,设置不同灌水频率 5 d、7 d、10 d,共 9 个模拟方案。对不同灌溉情景下产量、生物量、水分利用效率及耗水量进行分析。

6.4.4.2　利用 AquaCrop 模型优化无膜滴灌棉花灌溉制度

模型校准后,在模型基本参数不变的情况下,导入 1960~2019 年气象数据模拟不同灌溉情景下的产量及生物量,并取多年平均值。对固定灌溉定额下不同灌水频率的 9 种方案进行模拟得出(见表 6-13):当灌溉定额为 360 mm 时,棉花产量随着灌水频率的降低

表 6-12　模拟情景方案

模拟情景	模拟方案	灌溉定额（mm）	灌水频率（d）	模拟情景	模拟方案	灌水定额（mm）	灌水频率（d）
模拟情景一	P_1	360	5	模拟情景二	P_{10}	36	5
	P_2	360	7		P_{11}	36	7
	P_3	360	10		P_{12}	36	10
	P_4	450	5		P_{13}	45	5
	P_5	450	7		P_{14}	45	7
	P_6	450	10		P_{15}	45	10
	P_7	540	5		P_{16}	54	5
	P_8	540	7		P_{17}	54	7
	P_9	540	10		P_{18}	54	10

而增加；当灌溉定额为 450 mm 和 540 mm 时，产量随灌水频率的降低呈现降低趋势，且差异性显著。当灌水频率为 5 d、灌溉定额为 540 mm 和 360 mm 时，棉花产量达到最大（5 315 kg/hm²）和最小（4 074 kg/hm²）；水分利用效率在灌水频率为 10 d，灌溉定额为 360 mm 和 540 mm 时分别达到最大（1.16 kg/m³）和最小（0.94 kg/m³）；且较高的灌水定额和灌水频率可显著提高棉花耗水量。

表 6-13　固定灌溉定额下不同灌水频率（模拟情景一）

模拟方案	灌溉定额(mm)	灌溉频率(d)	灌水次数	产量（kg/hm²）	生物量（kg/hm²）	总灌水量（m³/hm²）	水分利用效率（kg/m³）	ET(mm)
P_1	360	5	20	4 074c	10 133c	3 600	1.13ab	415.01f
P_2	360	7	15	4 077b	10 121b	3 600	1.13ab	404.68c
P_3	360	10	10	4 182a	10 361a	3 600	1.16c	395.79a
P_4	450	5	20	4 942c	12 140c	4 500	1.1ab	469.99g
P_5	450	7	15	4 844b	11 865b	4 500	1.08b	449.02d
P_6	450	10	10	4 943a	11 879a	4 500	1.1c	438.36b
P_7	540	5	20	5 315c	12 957c	5 400	0.98a	488.7g
P_8	540	7	15	5 274b	12 846b	5 400	0.98ab	479.63e
P_9	540	10	10	5 073ab	12 349ab	5 400	0.94c	454.47d

注：同列不同字母表示处理间差异显著（$p<0.05$）。

　　对固定灌水定额下不同灌水频率的 9 种方案进行模拟得出（见表 6-14）：灌水定额为 36 mm 时，棉花产量、生物量与灌水频率呈正相关；灌水定额为 45 mm 和 54 mm 时，棉花产量及生物量随灌水频率的增加呈先增加后降低的趋势，且当灌水定额为 45 mm 和 54 mm、灌水频率为 5 d 和 7 d 时棉花产量、生物量均显著优于灌水频率为 10 d 时的。水分利用效率随灌水频率的增加而降低，且在灌水定额为 36 mm、灌水频率为 10 d 时达到最大（1.16 kg/m³），耗水量则与之相反。当灌水定额为 45 mm、灌水频率为 7d 和灌水定额为 36 mm、灌水频率为 10 d 时，产量和生物量分别达到最大值和最小值，分别为 5 353

（kg/hm²）、4 182（kg/hm²）和 13 028（kg/hm²）、10 361（kg/hm²）。

表 6-14　固定灌水定额下不同灌水频率（模拟情景二）

模拟方案	灌水定额（mm）	灌溉频率（d）	灌水次数	产量（kg/hm²）	生物量（kg/hm²）	总灌水量（m³/hm²）	水分利用效率（kg/m³）	ET（mm）
P₁₀	36	5	20	5 398a	13 146a	7 200	0.75d	500.77a
P₁₁	36	7	15	5 274ab	12 896ab	5 400	0.98c	480.5b
P₁₂	36	10	10	4 182d	10 361d	3 600	1.16a	395.79e
P₁₃	45	5	20	5 294ab	12 923ab	9 000	0.59f	493.36ab
P₁₄	45	7	15	5 353ab	13 028a	6 750	0.79d	477.99b
P₁₅	45	10	10	4 943c	11 846c	4 500	1.1b	438.36d
P₁₆	54	5	20	5 200abc	12 681ab	10 800	0.48g	486.92ab
P₁₇	54	7	15	5 293ab	12 881ab	8 100	0.65e	483.23b
P₁₈	54	10	10	5 073bc	12 349bc	5 400	0.94c	454.47c

注：同列不同字母表示处理间差异显著（$p<0.05$）。

不同灌水频率下灌水总量与棉花产量的关系如图 6-14 所示，当总灌水量低于 4 500 m³/hm²、灌水频率为 5 d 时，棉花产量较高；灌水量介于 4 500~7 200 m³/hm²、灌水频率为 7 d 时，棉花产量较高；当灌水量超过 7 200 m³/hm² 时，灌水频率为 5 d 和 7 d 时，无膜滴灌棉花产量均随灌水量的增加而降低，且灌水频率 7 d 时较 5 d 时无膜滴灌棉花产量下降速率明显。综合以上两种灌溉模拟情景，不考虑田间工作量及水资源时，以灌水频率为 5 d、总灌水量为 7 200 m³/hm²（P₁₀）时方案最优；当以提高经济效益和节约水资源为目的时，灌水频率为 5 d、灌溉定额为 5 400 m³/hm²（P₇）时方案最优。

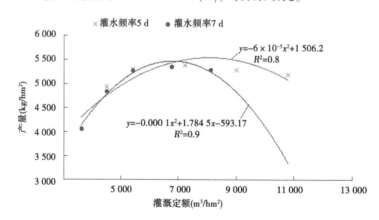

图 6-14　不同灌水频率下灌水总量与棉花产量的关系

参 考 文 献

[1] 国家统计局. 国家统计局关于 2020 年棉花产量的公告[EB/OL]. http://www. stats. gov. cn/tjsj/zxfb/202012/t20201218_1810113. html, 2020-12-18/2021-01-01.

[2] 邓铭江. 南疆未来发展的思考——塔里木河流域水问题与水战略研究[J]. 干旱区地理, 2016, 39(1):1-11.

[3] 黄乐珊, 李红, 孙泽昭. 棉花产业在新疆区域经济中的地位[J]. 新疆农业科学, 2006(1):38-41.

[4] 王振华, 杨培岭, 郑旭荣, 等. 新疆现行灌溉制度下膜下滴灌棉田土壤盐分分布变化[J]. 农业机械学报, 2014, 45(8):149-159.

[5] 姚宝林. 南疆免冬春灌棉田土壤水热盐时空迁移规律与调控研究[D]. 北京:中国农业大学, 2017.

[6] 王峰, 孙景生, 刘祖贵, 等. 灌溉制度对机采棉生长、产量及品质的影响[J]. 棉花学报, 2014, 26(1): 41-48.

[7] 崔永生, 王峰, 孙景生, 等. 南疆机采棉田灌溉制度对土壤水盐变化和棉花产量的影响[J]. 应用生态学报, 2018, 29(11):3634-3642.

[8] Feng Z, Wang X, Feng Z. Soil N and salinity leaching after the autumn irrigation and its impact on groundwater in Hetao Irrigation District, China[J]. Agricultural Water Management, 2005, 71(2):131-143.

[9] Yang P, Zia-Khan S, Wei G, et al. Winter irrigation effects in cotton fields in arid inland irrigated areas in the north of the Tarim Basin, China[J]. Water, 2016, 8(2): 47.

[10] Wu M, Wu J, Tan X, et al. Simulation of dynamical interactions between soil freezing/thawing and salinization for improving water management in cold/arid agricultural region[J]. Geoderma, 2019, 338: 325-342.

[11] 张瀚, 杨鹏年, 汪昌树, 等. 干旱区不同冬灌定额对土壤水盐分布的影响研究[J]. 灌溉排水学报, 2016, 35(11):42-46.

[12] 孙珍珍, 岳春芳. 非生育期春灌灌水量对土壤盐分变化的影响[J]. 水资源与水工程学报, 2015, 26(3):237-240.

[13] 梁建财, 史海滨, 李瑞平, 等. 覆盖对盐渍土壤冻融特性与秋浇灌水质量的影响[J]. 农业机械学报, 2015, 46(4):98-105.

[14] 刘新永, 田长彦, 马英杰, 等. 南疆膜下滴灌棉花耗水规律以及灌溉制度研究[J]. 干旱地区农业研究, 2006(1): 108-112.

[15] 蔡焕杰, 邵光成, 张振华. 荒漠气候区膜下滴灌棉花需水量和灌溉制度的试验研究[J]. 水利学报, 2002(11): 119-123.

[16] 顾明. 自动化技术在棉花膜下滴灌中的应用[J]. 新疆农垦科技, 2013, 36(10): 33-35.

[17] 顾哲, 袁寿其, 齐志明, 等. 基于 ET 和水量平衡的日光温室实时精准灌溉决策及控制系统[J]. 农业工程学报, 2018, 34(23): 101-108.

[18] Li S X, Wang Z H, Li S Q, et al. Effect of nitrogen fertilization under plastic mulched and non-plastic mulched conditions on water use by maize plants in dryland areas of China[J]. Agricultural Water Management, 2015, 162: 15-32.

[19] 赵岩, 陈学庚, 温浩军, 等. 农田残膜污染治理技术研究现状与展望[J]. 农业机械学报, 2017, 48(6):1-14.

[20] 牛瑞坤, 王旭峰, 胡灿, 等. 新疆阿克苏地区棉田残膜污染现状分析[J]. 新疆农业科学, 2016, 53(2):283-288.

[21] 于晓瑞. 包头湖农场不同盐度滴灌棉田土壤水盐运移规律研究[D]. 乌鲁木齐:新疆农业大学, 2016.

[22] Qadir M, Ghafoor A, Murtaza G. Amelioration strategies for saline soils:A review[J]. Land Degradation and Development, 2000, 11(6): 501-521.

[23] Letry J, Hoffman G J, Hopmans J W, et al. Evaluation of soil salinity leaching requirement guidelines [J]. Agriculture Water Management ,2011, 98(4): 502-506.

[24] Sharma S K, Manchanda H R. Influence of leaching with different amounts of water on desalinization and permeability behaviour of chloride and sulphate-dominated saline soil[J]. Agricultural Water Management,1996, 31(3): 225-235.

[25] Burt CMIB. Leaching of accumulated soil salinity under drip irrigation[J]. American Society of Agricultural Engineers,2005, 48(6): 1-5.

[26] Phocaides A. Handbook on pressurized irrigation techniques[J]. Libros Y Materiales Educativos,2011.

[27] Chen W, Hou Z, Wu L, et al. Evaluating salinity distribution in soil irrigated with saline water in arid regions of northwest China[J]. Agricultural Water Management. ,2010, 97(12): 2001-2008.

[28] 栗现文, 靳孟贵, 袁晶晶, 等.微咸水膜下滴灌棉田漫灌洗盐评价[J].水利学报,2014(9):1091-1098.

[29] 冯兆忠, 王效科, 冯宗炜, 等.内蒙古河套灌区秋浇对不同类型农田土壤盐分淋失的影响[J].农村生态环境, 2003(3):31-34.

[30] 管孝艳, 高占义, 王少丽, 等.河套灌区秋浇定额对农田土壤盐分淋失的影响[A].中国农业工程学会农业水土工程专业委员会. 现代节水高效农业与生态灌区建设(下). 昆明:云南大学出版社,2010:470-477.

[31] 罗玉丽, 姜丙洲, 卞艳丽, 等.秋浇定额对土壤盐分变化的影响分析[J].水资源与水工程学报, 2010, 21(2):118-123.

[32] 彭振阳, 黄介生, 伍靖伟, 等.秋浇条件下季节性冻融土壤盐分运动规律[J].农业工程学报, 2012 (6):77-81.

[33] 罗玉丽, 姜秀芳, 曹惠提, 等.内蒙古引黄灌区适宜秋浇定额研究[J].水资源与水工程学报, 2012,23(3):131-134.

[34] 熊志平, 孟春红.内蒙古河套灌区秋浇定额研究[J].人民黄河,2002,24(7):151-161.

[35] 孟春红, 杨金忠.河套灌区秋浇定额合理优选的试验研究[J].中国农村水利水电,2002(5):23-25.

[36] Millerr J, Nielson D R, Biggar J W. Chloride displacement in panoche clay-loam in relation to water movement and distribution[J]. Ournal of Water Resources Research,1965(1): 63-73.

[37] Hoffman G J. Guidelines for reclamation of salt-affected soils[J]. Applied Agriculture Research, 1986, 1(2): 65-72.

[38] Letey J F L. Dynamic versus steady-state approaches to evaluate irrigation management of saline waters [J]. Agriculture Water Management, 2007, 91(1): 1-10.

[39] Mermond A, Tamini T D, Yacouba H. Impact of different irrigation schedules on the water balance components of an onion crop in a semi-arid zone[J]. Agriculture Water Management, 2005, 77(1): 282-295.

[40] Minhas P S K K. Solute displacement in a silt loam soil as affected by the method of irrigation under different evaporation rates[J]. Agriculture Water Management, 1986, 12(1-2): 63-75.

[41] 彭振阳, 伍靖伟, 黄介生.采用间歇灌溉进行土壤盐分淋洗的适用性[J].水科学进展,2016(1): 31-39.

[42] 罗亚峰, 陈艳艳, 张烨文, 等.新疆壤土条件下滴灌棉田盐分运移规律研究[J].中国棉花,2011 (4):27-29.

[43] 冯广平, 姜卉芳, 董新光, 等.干旱内陆河灌区地面灌溉条件下土壤水盐运动规律研究[J].灌溉排水学报,2006,25(3):82-84.

[44] 胡宏昌,田富强,张治,等.干旱区膜下滴灌农田土壤盐分非生育期淋洗和多年动态[J].水利学报,2015,46(9):1037-1046.

[45] 李志刚,叶含春,肖让.少免冬春灌对棉田非生育期土壤水盐分布的影响[J].节水灌溉,2014(12):10-15.

[46] 李文娟,虎胆·吐马尔白,杨鹏年,等.不同春灌水量对不同盐度棉田盐分运移规律影响研究[J].节水灌溉,2014(4):7-10.

[47] 杨鹏年,孙珍珍,汪昌树,等.绿洲灌区春灌效应及定额研究[J].水文地质工程地质,2015(5):29-33.

[48] 孙三民,蔡焕杰,陈新明.阿拉尔灌区合理秋浇定额的试验研究[J].节水灌溉,2008(6):36-39.

[49] 陈小芹,王振华,何新林,等.北疆棉田不同冬灌方式对土壤水分、盐分和温度分布的影响[J].水土保持学报,2014(2):132-137.

[50] 张永玲,王兴鹏,陈开明,等.冬春灌条件下棉田水盐对产量的影响研究[J].塔里木大学学报,2013,25(4):18-23.

[51] 李宁,张永玲,王兴鹏,等.南疆灌区春灌对棉花生长及产量的影响研究[J].中国农村水利水电,2013(9):41-43.

[52] 何汉生.滴灌棉田实施不冬春灌及春灌一水对棉花生产的影响分析[J].中国棉花,2005(S1):55-56.

[53] 肖让,姚宝林.干播湿出膜下滴灌棉花现蕾初期地温变化规律[J].西北农业学报,2013(5):49-54.

[54] 张永玲,王兴鹏,肖让,等.干播湿出棉田土壤温度及水分对出苗率的影响[J].节水灌溉,2013(10):11-13.

[55] 邢小宁,姚宝林,孙三民.不同灌溉制度对南疆绿洲区膜下滴灌棉花生长及产量的影响[J].西北农业学报,2016(2):227-236.

[56] 姚宝林,李光永,叶含春,等.干旱绿洲区膜下滴灌棉田土壤盐分时空变化特征研究[J].农业机械学报,2016,47(1):151-161.

[57] 王成,姚宝林,李发永,等.免冬春灌不同灌水定额条件下棉花膜下滴灌对土壤盐分变化规律的影响[J].塔里木大学学报,2011,23(4):54-60.

[58] 张瑞喜,史吉刚,宋日权,等.干播湿出对向日葵生长发育及苗期地温的影响[J].灌溉排水学报,2015(12):71-74,88.

[59] 苏里坦,阿不都·沙拉木,虎胆·吐马尔白,等.干旱区膜下滴灌制度对土壤盐分分布和棉花产量的影响[J].土壤学报,2011,48(4):708-714.

[60] Dagdelen N, Basal H, Yilmaz E, et al. Different drip irrigation regimes affect cotton yield, water use efficiency and fiber quality in western Turkey.[J]. Agricultural Water Management, 2009, 96(1):111-120.

[61] Ibragimov N, Evett S R, Esanbekov Y, et al. Water use efficiency of irrigated cotton in Uzbekistan under drip and furrow irrigation[J]. Agricultural Water Management, 2007, 90(1):112-120.

[62] José O. Payero, G. H., G Robinson. Field Evaluation of Soil Water Extraction of Cotton [J]. Open Journal of Soil Science, 2017 (7): 378-400.

[63] Wang J, Li J, Guan H. Evaluation of Drip Irrigation System Uniformity on Cotton Yield in an Arid Region using a Two-Dimensional Soil Water Transport and Crop Growth Coupling Model[J]. Irrigation & Drainage, 2017(66):351-364.

[64] 李明思,康绍忠,杨海梅.地膜覆盖对滴灌土壤湿润区及棉花耗水与生长的影响[J].农业工程学报,2007,23(6):49-54.

[65] Jack Keller, David Karmeli. Trickle Irrigation Design Parameters[J]. Transactions of the Asae, 1974, 17(4):0678-0684.

[66] 牟洪臣,虎胆·吐马尔白,苏里坦,等.干旱地区棉田膜下滴灌盐分运移规律[J].农业工程学报,2011,27(7):18-22.

[67] Min W, Guo H, Zhou G, et al. Root distribution and growth of cotton as affected by drip irrigation with saline water[J]. Field Crops Research,2014, 169:1-10.

[68] Cui J, Wang Z W, Jing R, et al. Dynamic changes of soil water and salt in cotton field under mulched drip irrigation condition[J]. Agricultural Research in the Arid Areas, 2013, 31(4):50-53.

[69] Tian F Q, Hu H P, Hu H C. Soil particle size distribution and its relationship with soil water and salt under mulched drip irrigation in Xinjiang of China[J]. Science China(Technological Sciences), 2011, 54(6):1568-1574.

[70] 李文昊,王振华,郑旭荣,等. 长期膜下滴灌棉田土壤盐分变化特征[J]. 农业工程学报,2016,32(10):67-74.

[71] Nightingale H I, Davis K R, Phene C J. Trickle irrigation of cotton: Effect on soil chemical properties [J]. Agricultural Water Management ,1986, 11(2):159-168.

[72] 曹伟,魏光辉,李汉飞.干旱区不同毛管布置方式下膜下滴灌棉花根系分布特征研究[J].灌溉排水学报,2014,33(4):159-162.

[73] Chen W, Jin M, Ferré T P A, et al. Spatial distribution of soil moisture, soil salinity, and root density beneath a cotton field under mulched drip irrigation with brackish and fresh water[J]. Field Crops Research,2018, 215:207-221.

[74] Liu M X, Yang J S, Li X M, et al. Effects of Irrigation Water Quality and Drip Tape Arrangement on Soil Salinity, Soil Moisture Distribution, and Cotton Yield (Gossypiumhirsutum L.) Under Mulched Drip Irrigation in Xinjiang, China[J]. Journal of Integrative Agriculture ,2012, 11(3):502-511.

[75] 刘梅先,杨劲松,李晓明,等.滴灌模式对棉花根系分布和水分利用效率的影响[J].农业工程学报,2012,28(S1):98-105.

[76] 汪昌树,杨鹏年,于宴民,等. 膜下滴灌布置方式对土壤水盐运移和产量的影响[J].干旱地区农业研究,2016,34(4):38-45.

[77] 刘建国,吕新,王登伟,等. 膜下滴灌毛管配置对水分运移及棉花增产效应的影响[J].节水灌溉,2004(6):23-26.

[78] 王允喜,李明思,魏闯,等. 毛管间距对膜下滴灌棉花根系及植株生长的影响[J].灌溉排水学报, 2010,29(1):68-73.

[79] 赵晓雁,戴翠荣,练文明,等.南疆滴灌带不同布管位置对棉花出苗的影响[J].新疆农垦科技,2017,40(10):14-16.

[80] Isbell B, Burt C M. Leaching of accumulated soil salinity under drip irrigation[J]. Transactions of the Asae,2005, 48(6):2115-2121.

[81] Grabow G L, Huffman R L, Evans R O, et al. Water Distribution from a Subsurface Drip Irrigation System and Dripline Spacing Effect on Cotton Yield and Water Use Efficiency in a Coastal Plain Soil[J]. American Society of Agricultural and Biological Engineers,2006, 49(6):1823-1835.

[82] Liu M, Yang J, Li X, et al. Distribution and dynamics of soil water and salt under different drip irrigation regimes in northwest China[J]. Irrigation Science,2013, 31(4):675-688.

[83] 张琼,李光永,柴付军.棉花膜下滴灌条件下灌水频率对土壤水盐分布和棉花生长的影响[J].水利学报,2004,35(9):123-126.

[84] 高龙,田富强,倪广恒,等.膜下滴灌棉田土壤水盐分布特征及灌溉制度试验研究[J].水利学报,2010,41(12):1483-1490.

[85] 黄晓敏,于宴民,汪昌树,等. 干旱区膜下滴灌棉田灌溉制度及土壤水盐运移规律研究[J].节水灌溉,2017(4):24-29.

[86] Selim T, Bouksila F, Berndtsson R, et al. Soil Water and Salinity Distribution under Different Treatments of Drip Irrigation[J]. Soil Science Society of America Journal, 2013,77(4):1144-1156.

[87] Alemi M H. Distribution of water and salt in soil under trickle and pot irrigation regimes[J]. Agricultural Water Management,1981, 3(3):195-203.

[88] Nasrabad G G, Rajput T B S, Patel N. Soil water distribution and simulation under subsurface drip irrigation in cotton (Gossypiumhirsutum)[J]. Indian Journal of Agricultural Sciences,2013, 83(1):63-70.

[89] 宰松梅,仵峰,温季,等. 不同滴灌方式对棉田土壤盐分的影响[J]. 水利学报,2011,42(12): 1496-1503.

[90] 李显微,石建初,王数,等. 新疆地下滴灌棉田一次性滴灌带埋深数值模拟与分析[J]. 农业机械学报,2017(9):191-198.

[91] 樊引琴. 作物蒸发蒸腾量的测定与作物需水量计算方法的研究[D]. 杨凌:西北农林科技大学,2001.

[92] Ashrafi M, Khanjani M J, Fadaei-Kermani E, et al. Farm drainage channel network optimization by improved modified minimal spanning tree[J]. Agricultural Water Management, 2015, 161:1-8.

[93] 刘丙军,邵东国,沈新平. 作物需水时空尺度特征研究进展[J]. 农业工程学报,2007(5):258-264.

[94] 朱仲元. 干旱半干旱地区天然植被蒸散发模型与植被需水量研究[D]. 呼和浩特:内蒙古农业大学,2005.

[95] Allen R G, Jensen M E, Wright J L, et al. Operational estimates of reference evapotranspiration[J]. Agronomy Journal, 1989, 81(4):650-662.

[96] 王哲. 基于Penman-Monteith模型的蒸散模拟评估分析[J]. 内蒙古气象,2018(2):22-25.

[97] 龚元石. Penman-Monteith公式与FAO-PPP-17Penman修正式计算参考作物蒸散量的比较[J]. 北京农业大学学报,1995(1):68-75.

[98] 张文毅,党进谦,赵璐. Penman-Monteith公式与Penman修正式在计算ET0中的比较研究[J]. 节水灌溉,2010(12):54-59.

[99] 董旭光,顾伟宗,王静,等. 影响山东参考作物蒸散量变化的气象因素定量分析[J]. 自然资源学报,2015,30(5):810-823.

[100] 刘晓英,李玉中,钟秀丽,等. 基于称重式蒸渗仪实测日值评价16种参考作物蒸散量(ET0)模型[J]. 中国农业气象,2017,38(5):278-291.

[101] 姚山虎. 基于彭曼法的长系列灌溉制度及灌水率研究[J]. 内蒙古水利,2018(11):9-11.

[102] 樊引琴,蔡焕杰. 单作物系数法和双作物系数法计算作物需水量的比较研究[J]. 水利学报,2002(3):50-54.

[103] Wang C, Gu F, Chen J, et al. Assessing the response of yield and comprehensive fruit quality of tomato grown in greenhouse to deficit irrigation and nitrogen application strategies[J]. Agricultural Water Management, 2015, 161:9-19.

[104] 赵丽雯,吉喜斌. 基于FAO-56双作物系数法估算农田作物蒸腾和土壤蒸发研究——以西北干旱区黑河流域中游绿洲农田为例[J]. 中国农业科学,2010,43(19):4016-4026.

[105] 赵娜娜,刘钰,蔡甲冰,等. 双作物系数模型SIMDual Kc的验证及应用[J]. 农业工程学报,2011,27(2):89-95.

[106] 闫昕,刘钰,张宝忠,等. 基于双作物系数模型的田间灌溉水利用效率估算[J]. 安徽农业科学,2015,43(12):371-373.

[107] 雷志栋,杨诗秀,谢森传. 土壤水动力学[M]. 北京:清华大学出版社,1988.

[108] 尚松浩,毛晓敏,雷志栋,等. 土壤水分动态模拟模型及其应用[M]. 北京:科学出版社,2009.

［109］陈崇希,唐仲华,胡立堂. 地下水流数值模拟理论方法及模型设计［M］.北京:地质出版社,2014.

［110］Celia M A, Bououtas R L, Zarba R L. A general mass-conservative numerical solution for the unsaturated flow equation［J］. Water Resources Research,1990, 26: 1483-1496.

［111］庄建守. 叶面积测定法［J］.新疆农业科学,1979(3):23-24.

［112］Allen R G. Using the FAO-56 dual crop coefficient method over an irrigated region as part of an evapotranspiration intercomparison study［J］. Journal of Hydrology, 2000, 229(1): 27-41.

［113］杨鹏举. 绿洲膜下滴灌棉田水热碳通量实验与模拟研究［D］. 北京:清华大学, 2016.

［114］王萌萌,吕廷波,何新林,等.滴灌种植模式下土壤水热盐及棉花生长研究［J］. 干旱地区农业研究,2018,36(5):176-186.

［115］安俊波. 无膜移栽地下滴灌棉花耗水规律及灌溉制度研究［D］. 石河子:石河子大学, 2009.